室内设计师.25
INTERIOR DESIGNER

编委会主任　崔恺
编委会副主任　胡永旭

学术顾问　周家斌

编委会委员
王明贤　王琼　王澍　叶铮　吕品晶　刘家琨　吴长福　余平　沈立东　沈雷　汤桦　张雷
孟建民　陈耀光　郑曙旸　姜峰　赵毓玲　钱强　高超一　崔华峰　登琨艳　谢江

海外编委
方海　方振宁　陆宇星　周静敏　黄晓江

主编　徐纺
艺术顾问　陈飞波

责任编辑　徐明怡　李威
美术编辑　赵鹏程
特约摄影　胡文杰

协作网络　ABBS 建筑论坛 www.abbs.com.cn
筑龙网 www.zhulong.com

图书在版编目(CIP)数据

室内设计师 .25/《室内设计师》编委会编 .—— 北京：中国建筑工业出版社，2010.8
ISBN 978-7-112-12445-9

Ⅰ.①室… Ⅱ.①室… Ⅲ.①室内设计 – 丛刊 Ⅳ.①TU238-55

中国版本图书馆 CIP 数据核字 (2010) 第 180897 号

室内设计师　25
历史酒店改建
《室内设计师》编委会　编
电子邮箱：ider.2006@yahoo.com.cn
网　址：http://www.idzoom.com

中国建筑工业出版社出版、发行
各地新华书店、建筑书店 经销
利丰雅高印刷（深圳）有限公司 制版、印刷

开本：965×1270 毫米　1/16　印张：10　字数：400 千字
2010 年 8 月第一版　2010 年 8 月第一次印刷
定价：30.00 元
ISBN978-7-112-12445-9
（19750）
版权所有　翻印必究
如有印装质量问题，可寄本社退换
（邮政编码：100037）

CONTENTS VOL.25

视点	世博会建筑遐想	王受之	4
解读	反叛现实的低成本建造	袁烽	7
	绸墙		8
	可乐宅		12
	中房建筑新址设计访谈	西西	16
论坛	从佩兹利到莫里斯——欧洲经典室内装饰图案赏析	林梅	24
教育	都市拼贴——记中国美术学院建筑系三年级课程设计	王飞	28
人物	丹尼尔·里勃斯金：四个四重奏	周渐佳	34
	对话丹尼尔·里勃斯金	陆黍 徐明怡	38
	柏林犹太人博物馆	周渐佳	42
	丹佛艺术博物馆附馆	杨柳青 杨哲明	50
	帝国战争博物馆北馆	李威霖	58
	水晶	徐明怡	64
对话	中国室内陈设现状及发展趋势		70
实录	历史酒店改建		75
	福斯特爵士的"双翼"		76
	和平饭店		84
	与米开朗基罗相约托斯卡纳		90
	威尔第的米兰大饭店		96
	斯塔克与威尼斯的邂逅		100
	江南悦榕		104
	外滩美术馆		110
	中国湿地博物馆		118
	亿品中国工作室		122
世博	中情演绎		126
	上海锦江之星世博店		130
纪行	马来西亚：神话之乡的"原始"与"蜕变"		134
感悟	世博的全民设计培训	张晓莹	140
	被抹去的历史	范文兵	140
	万神殿的孔洞	翟丹	141
	不坏的冠冕	金秋野	141
场外	张斌：出于物象，入于世情		142
	张斌的一天		144
事件	第十二届威尼斯建筑双年展		148
	更新中国——关于中国城市可持续发展的艺术和建筑展		150
	"缝制时间"——爱马仕皮具展		152

世博会建筑遐想

撰　文 | 王受之

EXPO ARCHITECTURE

2010年9月初去上海，估计天气会凉快一点。去看世博会，早上还是多云，到了中午太阳高照，还是非常的热。刚刚有场台风过了，丽日晴天，太阳很大。我当时就想：为什么世博会要放在5～11月这个上海最热的时段来举办呢？从头热到尾，刚刚凉快就结束了。如果世博会能够按照各地天气的情况举办，也比较人性化一些。

那一天入场人数估计超过40万，听上海的朋友说，前几天刮台风的时候，有一天入场不到10万人，令人神往。如果把这个数字告诉任何一个外国人听，都要吓一跳的：10万人就是少人？在外国这已经是超级多的人了。他们恐怕很少看到40万人一起去一个娱乐场地的场景，更莫说我们超水准的80万人一天的入场记录了。虽然人多，但是看到的外国人不多，参观的还不如在现场工作的多，因此，说这次世博会基本是一次针对中国群众的世博会，应该是没有多大问题的。

陪我去看世博会的朋友问我：感受最深的是什么呢？我想想说：巨大无比，场馆甚多，应接不暇，印象不深。这是真实的感觉，首先是庞大，中午的时候，我从欧洲区往中心区、中国馆走，走在二层的世博大道上，百米宽的大道，空无一人，人都躲在下层避暑，那种空旷宏大的尺度，实在很惊人。而大凡和中国有关的馆，也都巨大无比。主题馆、国家馆都是庞然大物，人流滚滚，远看算了，要排队不知道需要多少个小时。场馆多到200多个，横跨浦江两岸，目不暇接，有些人去了几次也只看了二三十个馆。为什么说印象不深呢？我想主要原因是内容太多了，互相抵消的结果。场馆外面热、里面凉，排长队，走进里面，就想多呆一会，大部分场馆内部设计都是多媒体投影，吃力地要表现国家的全部精彩，因而视觉太饱和，反而记不住什么了。

世博会是个临时建筑群组成的娱乐场地。绝大部分的建筑物都是临时性质的，大家都知道再过几个月，这些建筑都会被拆掉。严格来说，这些多半不算建筑（architecture），更多是有临时内部展示空间的装置（installation）而已。因此，评价世博会建筑，除了国家馆、主题馆、文化中心、会议中心这些永久性建筑之外，其他各个国家馆、地区馆、行业馆都不容易谈出什么所以然来。我看历届评论世博会建筑的文章，有一种谈雕塑的感觉，或者谈现代装置艺术的方式，而不是在谈建筑。

我在世博会场地里走着，想到这些建筑物很快都要被拆除，还是很有些伤感的，也感觉到实在有点浪费。事实上，异地迁建、改变用途都是好方法，完全拆除不是一个21世纪应该延续的方式了。

世博会是一个很特别的国际活动，从1851年第一届伦敦的博览会开始，就建立了一个临时建筑的不成文标准。当时庞大的"水晶宫"在展览结束拆卸之后，在异地重建，1936年毁于大火。因为世博会占地多，体量大，临时性变得特别重要，否则难以维持。从伦敦博览会之后，历届世博会都遵循了这个传统。在西方国家，世博会之后没有被拆卸的建筑物大部分是为世博会建立的塔，比如为1889年世博会建立的埃菲尔铁塔，就留到今日。不过，也有一些世博会的主题建筑也都因各种原因留下来，比如1876年在美国费城举办的大陆世博会（the Centennial Exposition），现在还在费城附近的费蒙公园（Fairmount Park, Philadelphia），改为博物馆；1880年墨尔本世博会的皇家展览大楼也作为世界文化遗产建筑保护下来了；1893年芝加哥世博会中的科学和工业博物馆现在依然是芝加哥的地标性建筑；1901年纽约的泛美博览会建筑，现在是纽约的布法罗历史协会（the Buffalo Historical Society）。战后世博会留下的建筑也有几个，比如1958年布鲁塞尔世博会的原子大厦（the Atomium）现在还在原地，是作为一个时代的象征性纪念物留下来的。1962年西雅图世博会的"宇宙针"（the Space Needle, Seattle）现在是西雅图的太平洋科学中心（the Pacific Science Center），当年为世博会建造的轻轨铁路目前也在运营。而1998年里斯本世博会（Expo '98, Lisbon）的场馆设计完全是考虑到要成为里斯本城市的一个组成部分的，因此完全不浪费，与城市融为一体，很令人感叹当时考虑的成熟。

世博会场地改作公园、娱乐场所的最多，比如1884年新奥尔良棉花博览会场地现在是植物园（Audubon Park, New Orleans），芝加哥1893年世博会场地的一部分是现在的杰克逊公园（Jackson Park, Chicago），圣地亚哥1915年的加利福尼亚博览会场地现在也是个大公园。

辛辛苦苦做起来，半年又拆了，实在很浪费，有些国家就设法在举办世博会之后把其中的建筑完整地迁移重

视点

EXPO ARCHITECTURE

建。这类博览会往往需要在设计的时候就考虑到长期的用途。比如1889年巴黎世博会上的阿根廷馆就在结束之后完整地重建在布宜诺斯艾利斯；智利馆也迁建在智利的圣迭戈，做博物馆用；1900年巴黎世博会上的日本馆非常精彩，比利时国王设法在展出后迁建到布鲁塞尔的蓝肯（Laken）；1939年纽约世博会的比利时馆则迁建到佛吉尼亚联盟大学（Virginia Union University in Richmond, Virginia）校园内；1967年世博会苏联馆迁建莫斯科；1970年世博会的三洋馆（the Sanyo Pavilion）迁建在温哥华的不列颠哥伦比亚大学，成为亚洲问题研究中心（the Asian Centre, the University of British Columbia in Vancouver）；2000年汉诺威世博会的葡萄牙馆迁建回葡萄牙，都是舍不得舍弃而重新使用的好例子。世博会建筑有很高的娱乐性，又是各国设计师的精心创作，项目本身就有很多值得保留的。我记得迪斯尼公司是把世博会中的一些内容在展后迁移到迪斯尼乐园去了，1964年纽约世博会的"小小世界"现在还在洛杉矶迪斯尼乐园中供人游览，并且是很受孩子欢迎的项目，这个做法我感觉实在太好了，值得推广。

世博会建筑物应该说非常有趣，却并不能够代表建筑发展的方向，因为它们都是装置而已。西班牙馆外表全部用竹子篱笆铺设，好看也好玩；德国馆外表是尼龙网编织品，形态超逸。从我的角度来看，中国人最喜欢的应该是最豪华的馆，比如沙特阿拉伯馆、德国馆、法国馆、日本馆，都要排2小时以上的队。沙特馆看过的人都说过瘾，很折射民众心态。我在法国馆顶楼的餐厅吃了一顿很精彩的法国餐，之后从楼上走下去看法国馆，把路易威登放在那么大的尺度上，炫耀、张扬、铺张、奢华，如果不是知道有明显的商业动机——推动法国奢侈品牌在中国的销售，就真觉得不太合适了。但是民众喜欢，我看上千只手举起数码相机在拍法国奢华，就知道法国人真是吃透了中国人了。反观几乎弄得建不成的美国馆，就知道美国人实在没有搞懂中国人呢！

从设计的角度来看，我感觉芬兰馆最为精彩。因为它不想表现太多内容，没有把芬兰的历史、文化全数倒给大家，而仅仅是集中在芬兰生活的精致、产品设计的精彩上。多重尼龙纱幕层层参差、在蓝色的光影中非常生动，在如此炎热的气候中，走进一个浅蓝色的圆形空间，看芬兰的家庭用品展示，不奢侈、不铺张、实实在在，却包含着很

高的精神文化。在现今世博会上，哪个馆最不事铺陈、不事奢侈，反而最令人感动。一派展馆都在高声喧哗的时候，触动你的往往是芬兰馆这样低吟轻颂的设计。

上海世博会的主题是"城市让生活更美好"，内涵是标志上海进入世界超级大都会的一个里程碑活动，也是水到渠成的发展。这个世博会是历史上规模最大的世博会，占地面积5km^2。据一些参加过四五个世博会的朋友回忆，这次世博会也是人最多的一次，官方估计到10月30日结束的时候，总参观人数大约是8000万人，我看超过1亿一点困难都没有。我去过德国汉诺威世博会，绝对没有这样人潮汹涌的感觉。有190多个国家建立了自己的展馆，另外还有50多个国家组织注册参与上海世博会，使得这次世博会也是历史上参与规模最大的一次。

世博会在历史上走过三个阶段，第一阶段是1851~1938年期间，主要是要宣传工业化的伟大成就，每次都是以工业化为主题，有好几次都直接叫做"世界科学和技术博览会"，1851年的伦敦博览会、1889年的巴黎博览会、1893年的芝加哥博览会、1900年的巴黎博览会、1915年的旧金山博览会都属于这一类。从1933年开始，逐渐出现了另外一种类型的世博会，是以文化交流为中心的，最早是1933年的世纪进步博览会（the Century of Progress International Exposition），内容是进步，而不是工业成就，显示世博会的主题开始变化了。从这个时期开始，世博会更加讲究主题性，而不是简单的内容，而主题往往是文化意义、人文发展，比如1939年的纽约世博会叫做"建造明日世界"，1967年的蒙特利尔世博会更加推进了这个进步和人文发展的主题性。第三个阶段应该是从1988年的布里斯班世博会开始出现端倪的，世博会开始变成举办国打造国家品牌形象的活动。因此，从1988年到现在的世博会主题性，叫做"国家品牌"（nation branding）。很多国家利用世博会来提高国家形象，比如1992年，巴塞罗那在同一年举办了奥运会和世博会，对于提高西班牙的国际形象有很大的作用。而很多参展的国家，也借用展馆设计来树立国家形象。2000年世博会统计，大概70%的展馆主要设计目的是国家形象，而不是人文关怀、经济成就了。

上海世博会值得一看，不过要去第二次，可能我就没有这个勇气了。实在太热，人实在太多了。 END

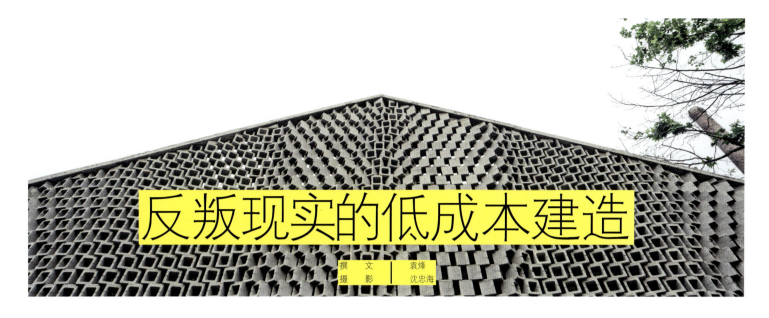

反叛现实的低成本建造

撰文｜袁烽
摄影｜沈忠海

一直以来，城市化的进程意味着都市空间的精致化甚至绅士化的过程。社会发展的潜在动力驱动着人们的价值观与伦理观的改变。哲学意义的"合情合理"屈从于社会潮流定义出来的"集体无意识"。无论是"高调的奢华"还是"低调的奢华"抑或"传统意识的奢华放大"都充斥在我们身边。

至此，作为建筑师观察的社会视角，会令我茫然，在社会风潮中，是否还有人重新回归"建筑本体"，"建造本体"或者作为个人（非社会）的"人本本体"？是否可以真实地让个人面对建造的事实？而非个人面对市场的同质化定义？

其实，作为一个个体，不仅是从一个建筑师的身份来说，在我们这个土地上缺乏的是对每个个体内心的一种挖掘。可能大家都是追随团体的力量、社会的潮流走势，比如当下流行的"可持续性"，但这样口号式的行为其实缺少了对个人心灵的挖掘，也很难让每一个人都能真正意识到这个问题。

所以，我希望在我的作品中强调对个体内心的震撼，而不是强调他在生活中需要什么，或者是这个人群需要怎么样。我更加强调的是一对一的观赏个体，我所对他展示东西的内心互动，换个角度来讲，我想我们需要的还是比较个体化的一种认识，而只有这样才能让群体产生更强有力的力量，我们想唤起的是对于个体内心的直接互动。

当渺小的个体，脱离出市场化定义的建造活动时，就会非常清晰地关心"建造"本身，包括，材料、造价、可行性、运营能耗等等。

都市中充斥着产业化定义的空间状态，单纯形式构成的创新或回归传统越来越显得苍白无力。我们在近期的实践中，重点关注两个方面，首先，在建筑本体论与设计方法论方面，我们大胆实践，运用参数化的手段操作空间建构，试图从本体论的角度解决未来空间形式的问题；其次，关注低廉造价的材料，甚至是废品再利用。无论是铺张的自我形式表现还是奢华主义的绅士化粉饰都是我们反对的。

随着生活方式的改变以及和业界的更多交流，更多的问题也引起了我们的反思。低成本是否意味着不可能呢？低成本是否意味着简陋呢？现实新材料的眼花缭乱，是否会让我们无所适从呢？

我们的实践在反叛现实。举三个项目，第一是同济百年校庆主会场的大礼堂，建筑已经建成，是2007年建成的。当时那个设计既没来自传统也没来自材料，更多的是对老建筑的再生。这个阶段更多地意识到城市的发展，包括对材料使用的可持续性对我作品的影响。这个建筑60年以前是远东第一跨度的建筑，后来由于设施陈旧，每年就开学典礼和毕业典礼两次使用，基本上没人再来用它，这样一个地标性建筑后来也只是沦为一个摆设。所以，在百年校庆的时候，我们讨论的核心是怎么样能让它活起来，怎么样给它第二次生命。在设计中，我们用了非常低的投资成本，整个改造就3000多万，对一个近5000m²的建筑进行改造，这个在观演类的建筑里是不可思议的，像国家大剧院、上海艺术中心每平方米的投入都是几万块钱，而我们用1/10的投入来做这件事情的时候到底是怎么来思考的？更多的是把形式剥离到外面，而从内在的人的舒适性，包括建筑的记忆对建筑的影响，很多方面来进行反思。这个建筑在2009年的时候被评为建设部年度优秀建筑，当时全国获奖的20个建筑中也包括"鸟巢"，而评委会对这个房子的评价是用非常低的造价实现了建筑的持续发展。

第二个项目，我们叫"可乐宅"，在上海浦东机场附近，建筑的外立面用废旧的可口可乐的瓶子作为遮阳的外表，因为可乐瓶是空腔，里面有空气，当太阳直射的时候，透过它的太阳温度远远低于直射它的太阳温度，我们利用这个给建筑穿了件衣服。这样的小房子投入也是非常低的，但是我们希望唤起的是通过一种非常低成本甚至是废弃的材料，造就一个非常摩登且现代的建筑。虽然这是总部型的办公项目，虽然我们用了最便宜的材料，但却给人非常时尚的感觉，但我们认为这种时尚不是在形式层面，而是在观念层面。

第三个项目就是我们参与的厂房改造。一个过去十年里的军工部早已被大家遗忘，沦为工厂、物流集散基地。我们对这三座老厂房进行了再生，把中间一座做成庭院。中国传统建筑很强的特征就是一进去就是院落，最里面一座用来做茶室，最外面用来做展览。这个空间有展览和办公的结合，有休息和办公的结合，有会议和办公的结合，很多功能复合在一体。它其实也是一种生活方式，又是一种可能性的复合。其实都市的可持续是在于所有个体自己的行动，只有你把握了自己行动的每一个机会，才能做到真正的可持续。所以我们的外墙用的是1块钱1块的砖砌成的，整个一平方米大概60几块钱，我们用最低廉的造价来达到非常有生动性、生活性和参与性的空间。所以在此期间，我们更多强调的是社会的可持续发展，对建筑再生的关注。

这些年来，我们也在成长，我们由非常纯净的甚至非常自我关注的白色的体系，到陶醉在纯粹空间的艺术性方向，再转成低成本、可持续发展的材料，我想这不是结论。我们也在逐渐成熟，把自己纳入社会的范畴里定位，并且希望影响别人。

解读

绸墙
SILK WALL

撰　文 ｜ 袁烽
摄　影 ｜ 沈忠海

地　　点	上海市杨浦区军工路1436号
设计时间	2009年11月~2010年1月
建造时间	2009年12月~2010年4月
设 计 师	袁烽
设计团队	韩力（建筑）、何福孜（室内）、梅振东（结构）、李凤英（给排水）、潘吟宇（电气）
业　　主	上海创盟国际建筑设计有限公司

1　外观
2-3　详图
4　建筑周围景观环境
5　内庭院
6　参数化绸墙

当我们面对废弃工业厂区中一栋三跨老厂房，并力图将其改造为创意产业办公空间时，寻找一种朴素的建造美学及一种真实而简单的建造过程成为了我们设计的出发点。现名"五维空间"的创意产业园区，其前身是创建于20世纪40年代的上海华丰第一棉纺织厂，它曾以花园工厂著称，如今还可见遗留下来的烟囱、大树等景观。随着上海城市逐步进入后工业社会，原本风光一时的工业厂房逐渐没落，现今逐步被置换为创意产业园。艺术创业者热衷于工业遗产中鳞次栉比的北向天窗、高耸的红砖烟囱、斑驳生锈的钢铁屋架。纷至沓来的婚纱摄影团队带着对对新人到此取景，渐渐构成了此地既流动又恒定的日常事件。前者来自过往，后者来自现实及未来。

在项目的设计中，我们的思考方式很直接，用最平实的材料和朴素的手段传达我们的建构观念。在整个创意工厂设计中，在内与外的不同空间运用不同的方法予以实现。首先，在建筑内部，由于原始空间高达5m~7.5m，对于小办公空间的界定必须进行合理的划分及缩小式的围合。所以，建筑内部的围合，实际上来自于对空调空间的界定及展示。与办公空间的正负耦合折叠的墙体、转折的墙线、升起的台阶配合参数的改变，有机地定义了简单的空间内涵。非线性空间通过参数化图解定义得以线性化的表述。切片式的图解定位方式实现了空间感受的多样性。

外墙的设计出发点更加有趣，首先采用的是最便宜的空心混凝土砌块体，力图表达的内容具有丝绸质感的丝缎效果。设计全过程严格遵从传统的建构精神，墙体材料采用的是空心混凝土砌块，但结构逻辑却非简单的砌筑，而是先行建立一个混凝土框架结构作为支撑体，在其外部完成混凝土砌块的砌筑工作。面对这样一堆在中国农村或工业厂区中常见的空心混凝土砌块——单调的形式、并不赏心悦目的颜色、可以预想到的施工精细度……我们希望能用新技术创造出与传统有别的形式，让传统的空心混凝土砌块焕发新的活力。与此同时，其质感粗糙的材料特质也与老工业厂房非常契合。单元式的砌筑建造对之后将运用的参数化技术也较容易操控。

但是，设计与建造的错位是我们要直面的主要困难——参数化设计和参数化建造在中国环境下的脱节不可避免：硬件设施的引进远远滞后于软件的推广，即使可以实现参数化的设计也无法实现直接的计算机辅助参数化建造；数量众多的中国农民工，建造技能的低下，必须选择与其相适应的创新建造管理模式以实现参数化营造。

我们采取了参数化设计和低技建造的策略，频繁地在虚拟和物质之间反复，针对现实中的建造难题对参数化设计进行修正。对砌块旋转角度简化并为每块砖设计了砌砖模板，通过将旋转角度向模板数字进行转化来现场指导工匠进行操作，以使得建筑效果得到较好的控制。

此次实践是对现时、现景的应急反应，是参数化设计种子落在中国土壤里发的芽、长的果，与西方品种大有不同。廉价劳动力的诱惑、低技施工的逼迫和配套设施的缺乏使得我们无法，也没有必要强求从设计到建造的参数化一致性。但我们认为，中国特殊国情下的实践应可在另一侧面推动建筑师对建筑设计与建造逻辑的重新定义和深度思考。这种思考可以是低成本的，但同时是创新的。

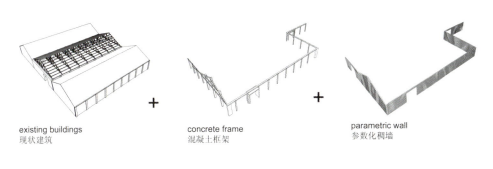

existing buildings
现状建筑

concrete frame
混凝土框架

parametric wall
参数化砌墙

single unit 单元
rotation 旋转
angle guide 角度标记
perspective 透视
elevation 立面
plan 平面

解读

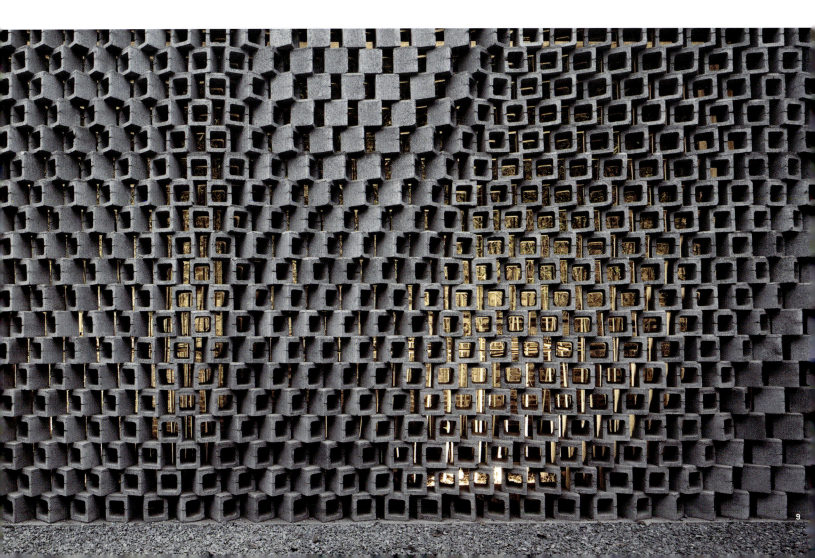

解读

1-5　室内空间
6-7　表皮构造
8　室内空间

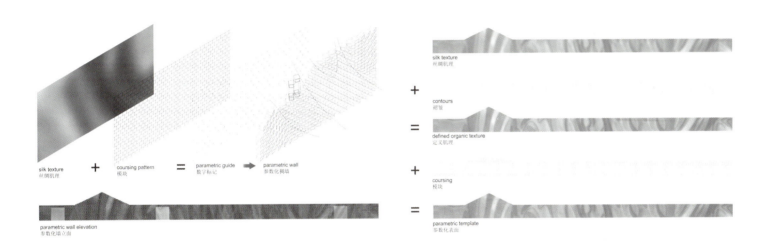

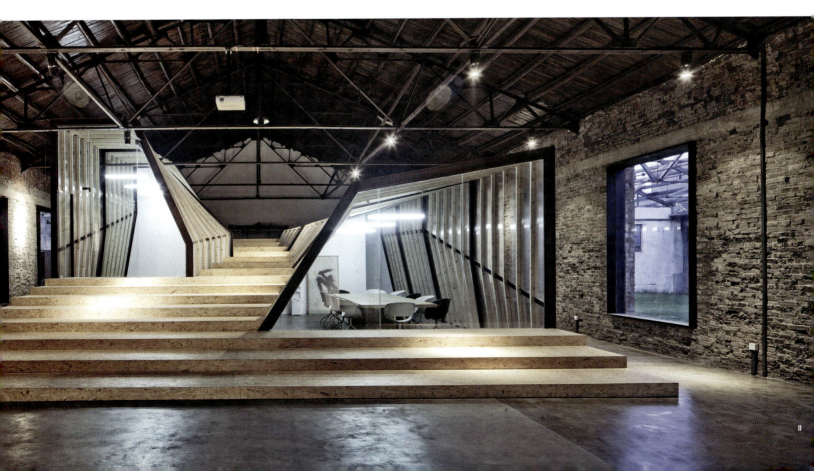

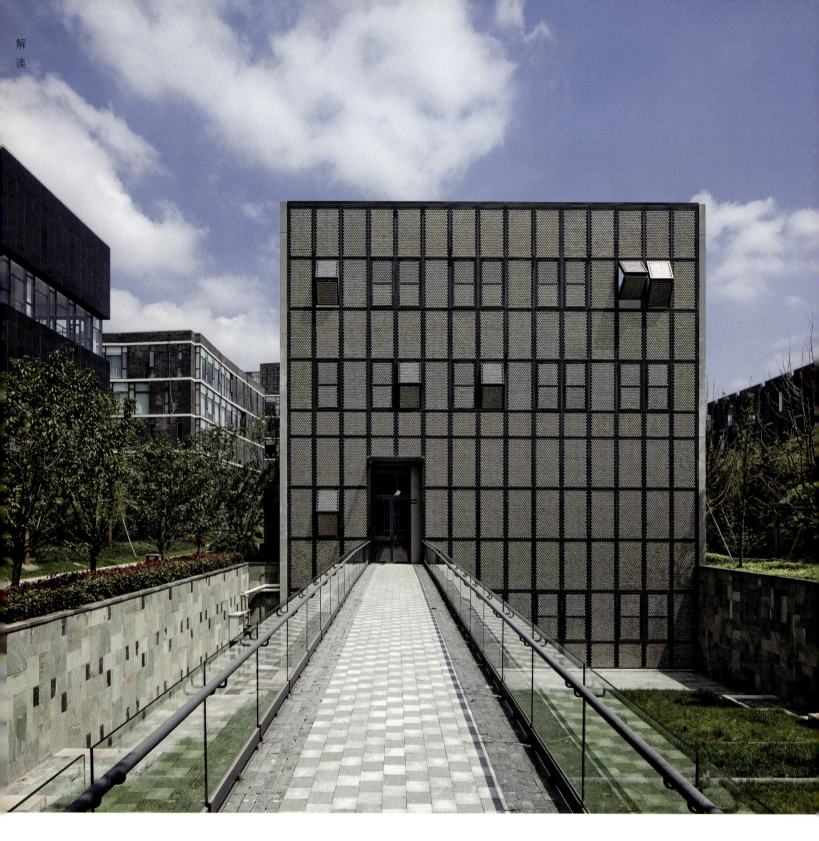

可乐宅
CAN CUBE

撰　文 ｜ 袁烽
摄　影 ｜ 沈忠海

项目名称	上海创研制造总部基地
地　点	上海浦东康桥秀浦路3188弄
设计时间	2007年
建造时间	2008年~2009年
设 计 师	袁烽
设计团队	仓力佳 韩力（建筑）、李俊明（结构）、李凤英（给排水）、潘吟宇（电气）
业　主	上海翔名实业投资有限公司

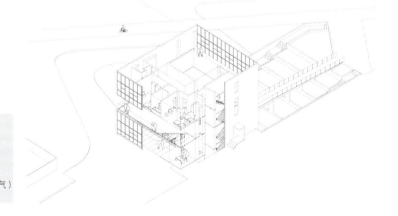

可乐宅的实践是与通常建筑材料选择思路相左的一种方式。建筑师对于建筑材料的选择，往往以两个方式作为思考的起点：一种是向前看，选择最新最先进的材料来体现技术性或时代精神；另一种是向后看，选择或传统、或当地的材料来体现历史感或地域性；但是很少会有一种平行的思路，利用日常的生活材料来实现建筑材料的创新思考。

可乐宅项目在构思的早期也处于一种材料选择的困惑，我们试图从各种不同的角度来诠释建筑本体对其他话题的回应，无论是设计的领域或社会学的角度。但当我们回到基地本身，却发现通常的材料使用似乎都无法与这一项目的特殊性相匹配。

项目本身位于一总部基地工业园内，独特的"中央公园"式的规划模式使得建筑本身拥有了得天独厚的景观优势——可乐宅不仅位于中央绿地的核心位置，而且规划景观中的主水系在这里曲折而过，南侧又紧邻下沉式绿地广场；但位于公共绿地的中央位置也使得建筑自身的态度必须具有一些微妙的平衡感，那就是允许建筑在大尺度地贴近景观和保护自身私密性之间进行切换，以满足自身的独立。建筑表皮，在这里被决定为一种开启／封闭的双重模式。

同时周边的其他建筑也决定了项目的材料选择不能用通常的手法进行处理。基地工业园被规划为可被众多不同业主独享的模式，这样的一种模式使得周边组团设计之初在造型和材料选择上就已经具有很大的多样性，以强调组团间的分离以及各建筑的独立性。或传统或现代，整个园区自身就已经是一个材料的展示场，那么作为中央绿地的核心建筑体，项目自身的材料如何选择变成了项目表达自身的唯一途径。同时，我们希望这里的材料选择可以体现的不仅是建筑的身份，同时体现营造的态度。

作为人们司空见惯的日常物品，易拉罐通常扮演的角色属性往往被叙述为轻质、易携带、具有一定强度的碳酸饮料容器，是一种已经成型的物品；或者说，很少会被认为是某种意义上的"材料"。可乐宅在选用易拉罐作为表皮的同时，也改变了易拉罐的产品属性，它不再是工业生产和消费的终点，而又转变成为了一个新的起点，会成为一种较为持久的建筑材料继续存在下去，而不是使用后即回收的简单模式。

可乐宅实现的是一种低成本和低技的生态实践，日常对易拉罐的回收再利用的模式演化成直接再利用的模式，进一步节省了回收过程中可能会出现的能源消耗；可开启的双层表皮既是遮阳的重要部件，同时又与水池结合形成可通风降温的双层表皮；屋顶部分设置太阳能热水系统实现了建筑的热水供应；墙体中埋置通水管实现了建筑夏季的降温与冬季的采暖需要；同时通过空间布置设置集中风井，以实现整体建筑的通风效果。

可乐宅在实现了材料创新使用的同时实现了对"生态建筑"这一命题的再思考。当代中国建筑的生态性，已经不再需要那种停留在观念上的生态，而是结合社会现实与社会责任的一种"创意生态"，生态建筑的实现需要的是更多简单、可行、同时符合营造目的与手段的切实思考。

1　外立面
2-3　详图
4　外立面局部

解读

1-2 外立面
3-4 局部

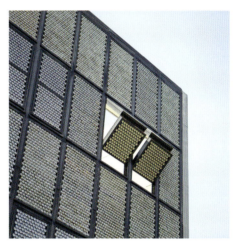

解读

中房建筑新址设计访谈

撰　　文	西西
摄　　影	黄涛、徐思

地　　点	上海黄浦区中华路1600号
设计单位	上海中房建筑设计有限公司
设计主持	丁明渊
设计团队	包海泠、邵颖、池永军、侍菲菲（建筑、景观、室内部分） 陆臻、封陈杰、辛潇（办公室装修）
工程面积	22910m²
装修面积	3000m²
竣工时间	2010年6月

当下的城市发展所体现出的最大特征就是包容。对新生事物的包容，对外来文化的包容，对各种思潮的包容。建筑市场也是如此。时代的多元化和开发商的猎奇心态促成了个性设计的空前发展。然而过分地追求个性却忽视了协调作用和缺乏对设计精度的有效控制，导致了各设计专业的各自为政，"第一眼美女"式的建筑也比比皆是。这本身是一件很无奈的事情，而有良知的建筑师们仍在努力地寻求协调和控制的机会。上海中房建筑设计有限公司是一所风格理性的设计企业，近年多有优秀建筑作品问世。最近公司迁址新办公楼，值得一提的是，整栋建筑的规划、建筑、景观、室内设计都是由建筑师负责完成的。我们采访了本项目的主创建筑师包海泠和陆臻先生，希望通过他们的阐述和项目介绍，读者会对建筑设计的全程控制和建筑品质的设计表达产生共鸣。

1	室内空间
2	建筑区位图
3	总平面图
4	从上海新天地远眺办公楼
5	办公楼全景

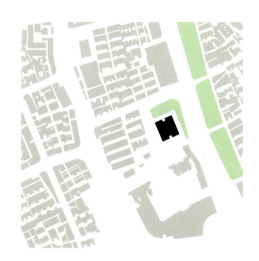

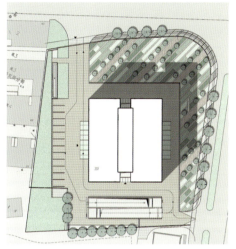

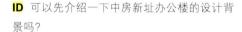

ID 可以先介绍一下中房新址办公楼的设计背景吗?

包 上海中房建筑设计有限公司(以下简称中房建筑)成立至今已有三十余年。作为一个拥有数百名员工的专业建筑设计公司,迁址并非易事。公司原办公地点在上海有名的老西门地区,紧邻文庙,普通老百姓的市井生活和老城厢的文化氛围对于我们有一种特殊的亲切感。然而,在亲历了周边成片的石库门里弄的拆除之后,我们会莫名地感觉到一种生存环境的危机,当然原来的办公硬件也确实不再适应公司发展的需要了。我们开始着手寻找新的办公场地,2006年我们承接了距离原办公楼不远的黄浦中心的工程设计,迁址也自然而然成了定局。

ID 我们了解到十年前的中房老办公楼的装修设计在当时上海设计市场曾经令人瞩目,而如今的新址在设计理念以及风格表达上和原先有什么不同?

陆 就设计而言,其实最大的差别不在于设计的结果,而是设计者看待问题和解决问题的过程和方法。建筑技术在不断发展,中房建筑的设计核心理念却是一贯的。在公司过了而立之年后,迁址到一栋高标准甲级办公楼,硬件设施有了很大的提升,这诚然是公司一个里程碑式的新起点。而更为难得的是,作为一家建筑设计公司,能够把一个项目的建筑设计、景观设计、公共部位室内设计一气呵成,而后又作为项目的最终用户,进行办公空间的室内设计直至亲身使用,这样的机会在国内还是不太多的。因此,从项目一开始,它就不仅仅是一项普通的工程设计了,我们更把它视为中房"精品建筑,全程控制"设计理念的一次绝佳诠释机会。我们希望能在项目完成后,用无声的建筑语言向客户传递中房建筑对于高品质设计的理解和追求,从而激发出更多的共鸣。

ID 我们知道,如今的设计市场分工越来越细化,而您刚才的意思是不是说一栋好的建筑必须由建筑师来控制景观和室内设计?

陆 可以这么说,建筑师全程控制是产生优秀建筑的必要条件。中房建筑一贯坚持"精品建筑,全程控制"的设计理念,黄浦中心恰恰是一次全方位的实践。首先,我们并不认为在城市设计、建筑设计、景观及室内设计,甚至于一些建筑VI系统设计之间有明确的界限。当前在国内,设计师的机会可不谓不多,但往往问题就出现在设计理念无法贯穿项目始终,不同专业之间没有良好的对话关系,各自为政。其次,只在设计理念上的沟通统一还是不够的,至少在国内目前状况来看是如此。必须要有人来进行全过程的整合,这一点,建筑师当仁不让。

ID 在这个项目中,具体在哪些方面体现了"精品建筑,全程控制"的理念呢?

包 首先,从建筑语言上,无论是建筑、景观、

ID=《室内设计师》

包 = 包海冷

陆 = 陆臻

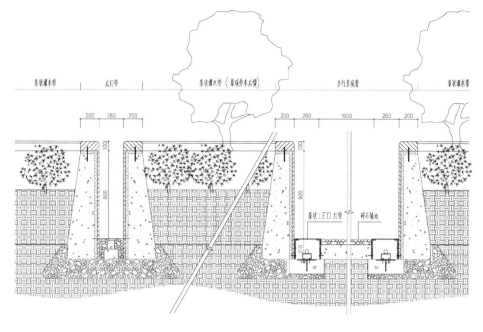
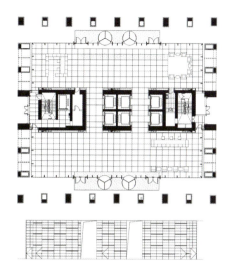

1 办公楼大堂室内
2 景观花池详图
3 大堂平立面
4 建筑与景观的共生关系

还是室内,均坚持了现代主义的简洁、理性的原则。黄浦中心大厦的主楼是一个干干净净的长方体,柱、梁反映出的直线条框架是其主要立面特征。在设计大楼脚下的景观花坛时我们就采用了大楼的这一个几何元素,稍加变异,斜向朝马路转角平行延伸,就好像用绿化覆盖了大楼的阴影。同时,诸多的平行斜线均延伸对上大楼的立柱,在视觉上起到了景观对于建筑的烘托作用。建筑化景观处理的目的是为了强化建筑的形象特征,这种类似手法同样运用于大楼的室内设计中,而这往往不是景观或室内设计师考虑的重点,他们也许更强调个性的表达而忽略了建筑本身。其次,在建筑材料上,比较注意建筑用材向景观及室内延伸。比如说大楼幕墙用的石材(芝麻灰),也用在了景观花坛、坡道、铺地以及办公大堂的室内。而19楼公司门厅的主材之一,也是芝麻灰,甚至于整个外立面的一个幕墙单元被原封不动地延展到了室内,这种成套化的设计手法,审美逻辑得到了直观的统一,使大多数非专业人士也完全能够读懂这样的设计用意。再次,在建筑细节上,十分注重设计手法的纯粹和尺度的把握。比如大楼石材幕墙、玻璃幕墙、玻璃雨棚的装饰线条以及室内电梯厅、走道的金属线条采用了相同的母题,只是尺寸不同而已。

ID 作为一个建筑设计公司的办公场所,其室内空间设计有哪些具体特点呢?

陆 一般设计师在做项目的时候,往往都会热衷于创造出诸多具有想像力的空间。但说实在的,对于公司自己购买的寸土寸金的办公楼来说,其空间设计却是从精打细算、追求空间合理高效开始的。概括起来,中房建筑的三层新办公楼主要包括设计师办公区、大堂及会议区、职能部门办公区、图档管理及研发区、公司领导办公区等几个部分。设计公司的主要空间当然是设计师的办

解读

1　办公室门厅二层挑空空间
2　十九层办公平面
3　二十层办公平面
4　多媒体会议室
5　办公室二层门厅剖立面图
6　会议室

公室。这次我们统一设计了三个各占半个楼面的大空间办公室供设计人员使用。开敞、通透、简洁、明快是主要的设计调性。在现代工程设计中，团队合作交流非常重要，因此我们刻意采用了12人位的大通桌，而非传统的小隔间形式。在每个大空间中间设有两个全透明隔断的总师室和会议室，方便设计过程中的讨论。在预计到将来在使用状态下的图纸、模型、个人摆设等变化元素已经足够丰富之后，所有的室内材料和家具均采用黑白灰色系，希望使之成为背景，以保证整体空间的整洁明快。在整个室内设计中，局部二层挑空的大堂是唯一有些奢侈的空间设计。除了对外展示的电视墙和模型之外，大堂与二楼回廊形式的图书室产生视觉上的共享，希望设计公司的大堂能够因此少一些商业味，多一点书卷气。与大堂相邻的是会议区。设计公司往往会有很多客户来讨论项目，为了更好地利用资源，整个会议区采用了灵活隔断系统。它可以在非常快的时间内变换出不同空间组合，以应对小到二三人的会谈、大到上百人的展览交流这样的不同场合。大堂及会议区的用材除引入外立面的石材之外，大量采用了枫木色，并辅以一些纯黑色。这样的搭配再配合暖色的光源，是希望在灰色的冷峻中融入一份木色的温暖。这种感觉与之前来访者从大堂石材为主到电梯厅不锈钢为主的持续感受过程正好形成一个完整的序列，给前来拜访者一种宾至如归的感受。

ID　谈谈整个设计是如何在实施过程中控制效果实现的。

陆　与其说控制不如说挑战。挑战主要来自两个方面。第一，是控制好预算。在国内，建筑师很少考虑造价，而往往由业主在风格确定、材料选择等过程中以指令方式来实现。这样做，建筑师的创作往往是盲目和被动的，他们无法主动地帮助业主实现在造价和效果上达到最佳平衡点。这次，设计师可以说既是甲方，又是乙方。公司管理层一开始就设定了一个预算目标，要求在目标范围内，取得最佳效果。因此，

1	办公门厅
2	可变空间公共会议室
3	业务办公室
4	计算中心
5	后勤办公室
6	图纸打印区
7	茶水间及信息公告区
8	大空间办公室
9	总师室及讨论区
10	院长办公区
11	图书阅览区
12	业务培训室
13	图档管理区

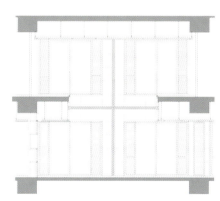

有些看似简单的事情，往往就会需要付出更多。比如，在隔断的深化设计上，我们拟定了标书，让几家跨国企业投标，但后来发现各家的用料和细部构造节点都是截然不同的。要想做出取舍，就必须由设计师与几家公司同时跟进图纸深化，画出每个节点，稍一疏忽就可能造成将来结算时造价上涨。不过也正是在跟进的过程中，我们更好地理解了一些成品的性能特点，确保了最终的效果。第二，是施工质量的控制。这一点比较遗憾，目前国内施工队伍现场施工精度水平仍然与建筑师的期望有较大差距。为此，在这次设计中，我们尽可能多地采用了工厂生产的成品加以设计整合。比如，我们除了少量固定的家具之外，主要采用了瑞士的USM系列以及日本ITOKI公司生产的INTERLINK系列钢制家具。但是我们不是简单地购买，而是在与工厂技术人员探讨之后，通过出图定制的方式，利用工厂成熟的生产工艺，达到了与土建及装修相整合的目的。可以说，与每一家公司的合作几乎都可以算得上是一个小项目的设计过程。通过这个项目的实践，也使我们更加确信，建筑师通过将一些设计成品整合性地运用在工程设计中是提高施工精度，弥补现场做工粗糙的一种切实可行的办法。

ID 很想知道迁入新址后员工对新办公环境的态度，甲方们又反响如何？

包 在自己设计的办公楼里上班的感觉确实与众不同，就像当家做主人一样。新办公楼的景观很好，一边可远眺陆家嘴金融区的摩天楼，另一边可俯瞰整个新天地。交通便捷、工作环境一流、软硬件配置全面升级，公司管理也更加专业化。对于一个建筑设计公司而言，公司形象本身也体现出其设计品味和追求。我们邀请了许多业主来办公楼参观，他们对"精品建筑、全程控制"的设计理念表示赞同，只是少有这样的项目付诸实施罢了。不过值得欣慰的是，多数参观者一进入我们的门厅都说似曾相识，这确实是中房的风格。作为一个拥有30年历史的设计公司，传承的力量是不容忽视的，这不禁让人想起在文庙旁梦花街工作的日子。

解读

	3	
1		
2	4	5

1 大空间办公
2 建筑设计细部
3 院长办公室
4 门厅即景
5 门厅即景二十层阅览室及秘书室

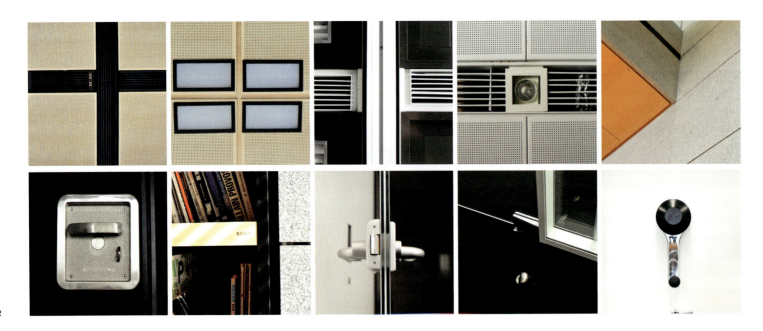

解读

从佩兹利到莫里斯
——欧洲经典室内装饰图案赏析

撰文 | 林梅

我们的生活是被各种性状的图案装饰的。在室内设计当中,各种纹样、图案的应用可以说是无处不在。墙面、地面、顶棚、家具、布艺、摆设……到处都是各种装饰图案大显神通的舞台。如能恰当选择、搭配装饰图案,便会更传神地烘托出设计师想要营造的空间气质和氛围;反之,若是运用不当,也会弄巧成拙,削弱设计师所试图传达的概念,也令身处空间中的人产生违和之感。因此,对各种装饰纹样、图案的研究,对室内设计师来说,应该是一门必修课。很多当今应用广泛的装饰图案可以追溯到几千年前,这些经典的图案随着岁月的流逝不断地更新演变,将自己的成长历程记录在人类文明发展的进程中。想要更好地运用这些经典图案,就有必要了解它们的历史。本文将撷取几例经典的欧洲经典装饰图案,用时间和空间的界定作一次回顾。

佩兹利纹样

佩兹利纹样17世纪起源于南亚次大陆北部的克什米尔地区,多应用于羊毛质地的披肩上。大约16世纪末17世纪初,英国人把它带到欧洲,欧洲的权贵将其视为珍贵之物,于是克什米尔披肩风行起来,随着需求量的不断上升,18世纪初期,苏格兰西南部的城市佩兹利(Paisley)的毛织行业用大机器生产的方式,采用这种纹样织成羊毛披肩、头巾、围脖销售到世界各地,其纹样的风格也得到了更新的发展,佩兹利纹样由此得名。今天我们常见的佩兹利纹样,无论造型亦繁亦简,都脱离不开这些基本的形体,如:

1.象征印度生命之树菩提树叶子的造型;
2.外形呈水滴状似松果、无花果、椰枣状或巴旦杏的内核造型截面;
3.拜火教的火焰图案造型(图1)

由于其嬗变的基因,使得在同一母题下所呈现的图案风格多样,并带有强烈的异域符号,继而在室内装饰中得到了很多设计者的拥趸,特别是在居室的壁纸、地毯或软面饰物上,如床品、沙发等等,常可以见到它的身影(图2~9)。

朱伊纹样

朱伊(Jouy)原为地名,是法国巴黎西北部的小镇,1760年,德国人奥博肯伯特在朱伊小城开设了一家印染厂,他成功地运用了滚筒印染技术,使工艺水平大大提高,并带动织物纹样印染的精度、细度水平的提高。1783年,苏格兰人开发研制出"旋转式印染"的技术,到1810年,"旋转印染"即滚筒印染技术的日趋成熟并投入规模化生产,同时,也拓宽了图案设计者的表现手段和空间。朱伊纹样正是在这个时期诞生并发展起来的。其特点是在原色面布上进行铜版或木板印染,图案层次分明,单色相的明度变化(蓝、红、绿、米色最为常用),印制在本色棉、麻布上。这种装饰织品曾风靡整个皇室和宫廷,也成了路易十六时期法国皇后Marie Antoinette的最爱,在法国朱伊纹样为注册图案,法语名为:Toile de JOUY。朱伊纹样的题材分为两类:

1.布料主题一般除了较常见的古典人物、花草树木外,建筑、历史、神话,户外生活中的场景也是描绘的对象;
2.以椭圆形、菱形、多边形、圆形构成各自区域的中心,然后在区域之内配置人物、动物、神话等古典主义风格,具有浮雕效果感的图案(图10)

由于朱伊纹样汇集人物风景,很多当时的风尚都会被植入到图案中,所以非常顺应每个历史时期的发展。它古典又不拘一格,为当今的时装、家纺设计师提供了无穷的灵感。与其它装饰图案不同的是,朱伊纹样植入的大多是贵族们闲适的生活状态,因此整个纹样的风格带有欧洲上流社会的气息,应用在室内装饰中有一种奢华的风格(图11~14)。

苏格兰格子

缘于16世纪的苏格兰格子在17、18世纪是苏格兰高原部落之间战争中的"军服",他们以所穿的格子图案来辨认敌我。1747年8月1日英国皇帝乔治二世下旨,除政府职员外,全民禁穿格子。直至1782年,才由乔治三世解禁。格子在英国便成为识别组织的一个重要标志,英国苏格兰格子注册协会记载着几百种不同的格子图案,有些以姓氏命名,代表每一个苏格兰家族,所以欧美的纺织界有一个说法:"苏格兰格子,等于一部大英帝国的历史"。黑灰格被称为"政府格",也有特别为皇室成员定制的格子图案,身份矜贵,如 Stewart Royal,就是最为人熟知的红+绿格子,源自当今英女皇母系的 Stewart 家族。Queen Victoria 是一个疯狂的格子迷,不但有宴会格子、度假格子、打猎格子、裙装格子,还特别替寝室窗帘设计了一款格子。由夫婿 Albert 亲王设计的 Balmoral(灰色格,黑+红+白色细条纹),看似灰蒙蒙的平平无奇,却绝对至高无上,时至今日仍是女王御用的图案,也是惟一不公开发售的格子图案(图15~20)。

正因为格子的历史渊源,钟爱格子的人们遍布世界各地,在室内装饰中,格子身份高贵但不哗众取宠,具有亲切感,也是设计师的最爱。

莫里斯纹样

莫里斯纹样是以英国工艺美术运动领导人威廉·莫里斯(WILLAM MORRIS 1834~1896年)的名字命名的。这位富有传奇经历的设计师从事过建筑学、绘画学、设计艺术学等多学科的艺术实践。他在棉印织物、壁纸的图案设计以及挂毯设计、刺绣等平面设计领域,表现出独特的设计理念和思维。面对工业革命扑面而来的大趋势,他排斥机械文明,厌恶工业化和机械化生产,推崇中世纪的传统风格。莫里斯纹样以装饰性的植物题材作为主题纹样的居多,茎藤、叶属的曲线层次分解穿插,互借合理,排序紧密,具有强烈的装饰意味,可谓自然与形式统一的典范(图21~25)。在当今的室内装饰中,大多是一些追随工艺美术运动的设计者或是威廉·莫里斯钟爱者会应用莫里斯纹样,这些带有立场特性的选择更多给人的是一种复古风格。

结语

以上几种室内常用的装饰图案,他们共同的特点是:发展历史长,地区应用广,并且在每一个时期都有一些新的变化来顺应潮流;其次,图案具有鲜明的识别性,并且带有强烈的性格特征,在室内的应用中,能很确切地传递出设计的意图和信息,并体现出明确的设计风格。这些图案一直伴随着我们的生活,它们以其"形"传递给人们美感,以其"意"表达人们心中美好纯真的愿望。在岁月的更迭中,给了我们历久弥新的片段记忆。善用这些美好的装饰图案,将会帮助设计师更恰当地打造出令使用者感到愉悦的空间。

都市拼贴

—— 记中国美术学院建筑系三年级课程设计

撰 文 | 王飞

作为5周workshop课题7的延续，这门9周长的建筑设计课程以"拼贴"的角度和方式进行设计的思考和操作。课题7是中国美院三年级学生与法国巴黎——马拉盖建筑设计学院（École d'architecture Paris-Malaquais）的联合研究设计，课程主要关注的是城市分析，从各种视角分析了所选取的在杭州南部，馒头山、八卦田、钱塘江大桥、钱塘江之间复杂的城市区域，包括新区、老区、旅游区、山、河道、江、铁路、高速路等，并作了一个合作的城市设计快题（图01）。本课题从建筑的尺度进行深化。

"拼贴"一词的英文collage来自法语,意为粘、贴的动作,现在多用为名词。对于现代艺术,最早使用拼贴的是毕加索,也有人说是乔治·布拉克(Georges Braque),两者都同时在1910~1911年间创作了以不同材质(如木片、报纸)拼贴而成的画布并在上面作画。德国艺术家柯特·舒维特(Kurt Schwitters)在20世纪上半叶多用一些不起眼的垃圾和废弃物制作拼贴,他称之为Merde(是法语的一个脏字),意指商业社会中的残余物。他试图挖掘不起眼的废弃物中新的价值。20世纪初艺术界也对原始人的制造物非常着迷,从中得到了很多创作的灵感。 其实,原始人很早就将石块、木棍和皮革组合在一起,制造很多惊人的工具和饰品。我们人类似乎有着与生俱来的拼贴的本能。中世纪和文艺复兴的很多建筑和城市都是利用废墟上的材料进行建造,新造的建筑和街区总是和老的城市肌理相和谐,尽管功能变了,文化变了,形式变了,却创造出一种新的文化和时代。古罗马的凯旋门也是从各个被征服的地方搬回来各种不同石材拼贴成了新的建筑形式"凯旋门"。建筑大师阿尔伯蒂和帕拉第奥的经典作品很多是建在中世纪的遗址之上,已拼贴达到一种新的平衡并赋予老建筑新的生命,如Templo Malatestiano(1450)和维琴察的巴西利卡(1549~1611)。最经典是例子莫过于梵蒂冈的圣彼得大教堂,自公元326年建成为巴西利卡以来,经过多次改造,文艺复兴时期,在长达120年的重建过程中,意大利最优秀的建筑师伯拉孟特、米开朗琪罗、德拉·波尔塔和卡洛·马泰尔相继主持过设计和施工,直到1626年才完工。新的建筑使用了很多老建筑的石材,重新设计和利用,连圣彼得广场中心的方尖碑也是从埃及运过来的,意义也从崇拜太阳神变到了天主教。当然并不是所有的拼贴都是成功的,比如著名的怪兽小说"弗兰肯斯坦"中的怪兽由医学博士使用了不同人的部位再造了一个生物,却成为了一个怪物。拼贴应当关注不同材料媒介之间的关系,关系要比单个元素自身更为重要。著名现代建筑大师密斯·凡·德·罗的建筑和城市设计过程使用了大量的拼贴,有时仅仅非常简单的几个色块和线条却非常有效,不仅只是表达空间,更多是一种思维的推敲和强烈的反战政治立场。当代著名建筑师库哈斯也深受密斯和超级工作室(Superstudio)拼贴的影响。我们的城市自产生的那一刻起,一直处于"拼贴"的状态,新的与旧的,不同功能、不同尺度都被主动或者被动地拼贴在一起,有的很成功,有的很失败。著名现代主义建筑理论家科林·罗在《拼贴城市》中将"拼贴"作为对现代主义建筑和城市的批判和重新思考方式。

我们的课程希望以本区,也是杭州境内最为集中的一块废旧厂房的片区(多为铁路机组的生产、维修、编组等)为蓝本进行研究和设计。让学生们以建筑改造的训练来思考建筑设计、功能、场地、景观、工业文化遗产、材料性、建造。学生通过对经典案例的分析、赴上海亲身体验、对场地的分析和研究,提出本地块的功能提案,并进行深化设计。学生们通过这样的过程,加强了对社会学、城市理论的研究和理解,将建筑师的身份放在一个更宽的视野。

国外著名案例分析(1周)

国外案例包括赫尔佐格与德梅隆事务所的英国伦敦泰特美术馆(1、2期)、西班牙马德里的Caixa Forum当代艺术馆与德国杜伊斯堡的库珀斯勒德国当代艺术馆(1、2、3期),OMA的德国鲁尔工业区博物馆,让·努维尔与蓝天组等联合设计的奥地利维也纳煤气罐改造工程,REX为土耳其优秀的时装公司Vakko所设计的总部和媒体中心,以及Diller+Scofidio的美国纽约林肯中心及朱利亚学院的改造。这些项目除了林肯中心外,其他都为工业建筑的改造与利用,设计师以不同的方式和思考为原有的结构和空间赋予了新的生命。

学生三人一组对这些案例进行分析,研究这些著名的案例对老建筑和新功能之间关系的思考,以及再建的2、3期和之前建筑的对话。根据每个项目的不同,学生要以轴测图表达出他们的分析,包括新老建筑的关系、和周围环境的关系、功能、结构、流线、材料、建造等等(图02)。学生也观摩了台湾纪录片《城市的远见——蜕变中的鲁尔工业区,2000》进行学习。

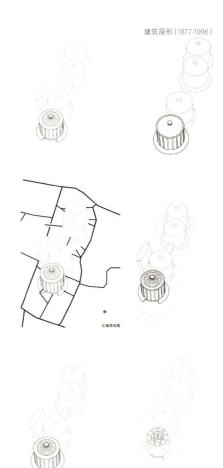

建筑原形(1877-1996)

交通建线图

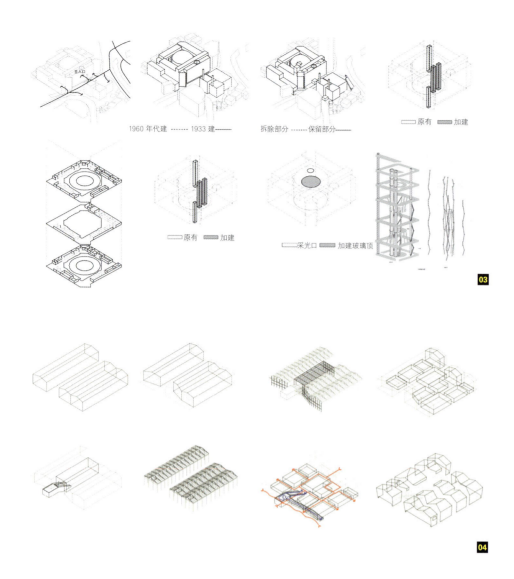

上海参观调研(1周)

通过了上个阶段初步对拼贴概念性的思考,通过纸面和图像对精选的案例进行研究,这个阶段学生到了上海进行了3天的实地考察,考察了1933工部宰牲场、800秀、8号桥、上海雕塑中心红坊、M50莫干山路、世博会江南造船厂、发电厂和若干城市最佳实践区的案例馆。纸面的思考固然重要,但是亲身体验更为重要。这次我没有为学生提供任何图纸,希望学生以自己的身体为尺度,去感知和观察,然后发现。成果仍然和上阶段相似,为轴测图的训练。这阶段的参考读物包括《时代建筑2006／2》"旧建筑保护与再生"与《时代建筑2009／4》"上海2010年世博会建筑研究"(图03～04)。

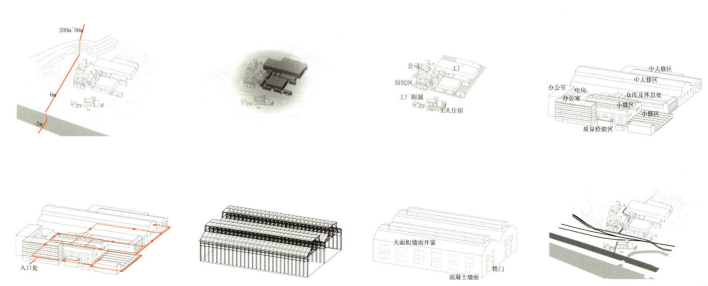

杭州设计场地调研（1周）

通过前两个阶段对国外和上海案例不同角度的研究，学生们已经开始思考工业建筑改造的概念、环境、材料、功能，然后再回到几周前研究的这个阶段课题7范围内的7块旧厂房区域进行调研，就有的放矢。分析的要求包括：年代、用途、材料、轻重工业、污染程度、和城市环境的关系、工人住在哪里、路程多远、视线、景观等。这里的很多片区已经被杭州市政府规划为未来的创意产业园区。

前三个阶段，同学们所有的成果都是共享的。大家分享研究的过程和成果，以及对未来设计的思考（图05）。

都市再造（5周）

终于到了设计的阶段，通过上个阶段各个组对7个区块的分析，学生应当选取自己最感兴趣的基地进行设计。我给学生作了关于功能历史理论的讲座："功能：从function到programme"。通过对基地更深入的分析，学生需要针对这块基地提出功能提案，要有可持续的思考，然后进行深入设计。建筑面积控制在2500～4000m²之间。前期的概念阶段学生需要借助大量的手工模型和拼贴图来进行推敲。最主要关注的包括功能合理性和可持续性、改造设计与城市和自然环境的关系、新老建筑之间的关系（图06～30）。

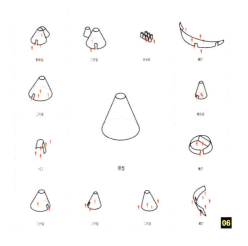

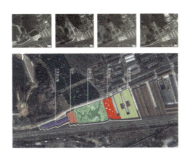

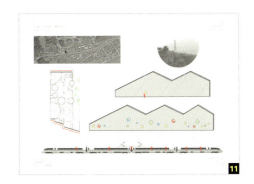

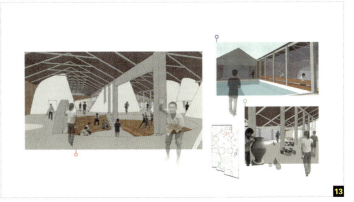

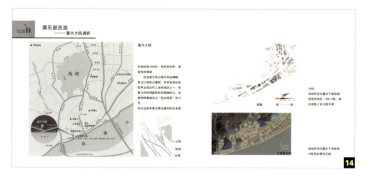

后记

拼贴作为一种思考的方式，而不单单作为一种手法，对建筑设计和城市的发展非常重要。我们的城市并不是从零或从白板开始的，我们的设计总是要与环境、历史有很深的关系，上海的城市肌理一直处在拼贴之中，从上海那蜿蜒而极少平行的城市肌理中可见一二。当代的中国城市经历了飞速的发展，仍然没有停息的迹象，我们这30年来经历了太多的tabula rosa（白板），推平一个街区，再造一个高密度街区，接踵而至。"都市拼贴"也是对当代中国城市发展的批判性的思考和可持续的实验。令人欣喜的是，下次再教这个话题的时候，上海又多了一个非常精致而又启发建筑师思考的经典——水舍（Waterhouse）。

（感谢王澍院长的支持，感谢陈浩如老师的帮助和中国美术学院三年级21位激情澎湃的同学的合作。）

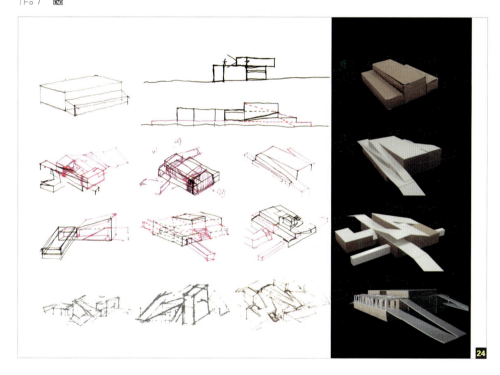

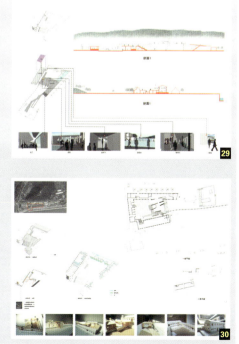

丹尼尔·里勃斯金：四个四重奏
DANIEL LIBESKIND: FOUR QUARTERS

撰　　文 | 周渐佳
资料提供 | 丹尼尔·里勃斯金建筑事务所

"黎明指点着，另一天
为炎热和寂静做出准备。海上拂晓的风
皱起纹路或悄悄滑下。我在这里
或那里，或其他地方。在我的开始。"

——T.S.艾略特《东库克．四个四重奏》

	3
1	4
2	5

1　丹尼尔·里勃斯金肖像（©Ilan Besor）
2　纽约世贸中心重建项目草图（©Studio Daniel Libeskind）
3　柏林犹太人博物馆旁附属的大屠杀塔（©Bitter Bredt）
4　室内乐（Chamberworks）
5　微显微（Micromegas）

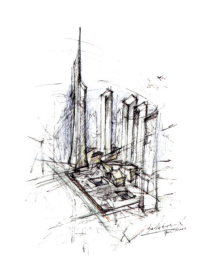

　　在这个时代，丹尼尔·里勃斯金（Daniel Libeskind）这样的建筑师注定要成为媒体追逐的对象。他出身传奇：父母是二战犹太人集中营与战后苏联集中营的幸存者，战后带着全家辗转于波兰、以色列，四处为家。里勃斯金自幼就拉的一手出神入化的手风琴，并因此获得美以奖学金（America-Isareal Culture Foundation, AICF）举家赴美定居。出于对绘画的喜爱，里勃斯金在大学时期放弃了音乐转投建筑，库珀联盟（Cooper Union）的学习生涯不但把他的名字同海杜克、埃森曼、迈耶联系在一起，更把当时风头最盛的形式研究带入了他执教的匡溪艺术学院（Cranbrook Art Academy）之中，令这所历史悠久的学院在老沙里宁（Eliel Saarinen）之后进入了第二个全盛时期。紧随而至的便是令他声名大噪的柏林犹太人博物馆（Jewish Museum Berlin）竞赛，十年波折，就在博物馆正式开幕的两天之后，新恐怖主义之下的"911"事件又将作为美国象征的双子塔夷为平地。而入选纽约世贸中心重建项目"归零"（Ground Zero）的总规划建筑师无疑是里勃斯金职业生涯的又一个高峰。遍及各地的项目令他和他的一家过上了世界主义式的生活，米兰、柏林、纽约虽不是故乡，都可视他作"当地人"。这些不同的时期、不同的地点如同诗人T.S.艾略特在《四个四重奏》中的标题一般，只是它们不以抽象的意象呈现，而是定义出里勃斯金从业生涯的坐标，不仅勾勒出他的个人履历，也多少串联起世界变革的历史线索。

　　里勃斯金是为数不多的，在作品上打上鲜明标签的建筑师，可是他的经历也往往能成为那些充斥着尖角、倾斜的建筑最恰如其分的说辞，尽管这些建筑的不事妥协正是先锋派最为赏识的品质。然而里勃斯金从来不是寡言的建筑师，他的言辞相比作品的犀利真是有过之而无不及，又从来不惮于站在批评的风口浪尖，这就更为他的个人着上了一层激进的色彩。这种激进还表现在他对未来的乐观——无论对既往做出怎样沉重的探讨，并且借助"虚空"(void)、"碎片"的手法来表达这种末世观点，里勃斯金总是坚信他的作品能够重塑当地的文脉环境。这些可见或不可见、历史或未来的踪迹最终被压缩成一个符号一般的建筑。

波兰 / 罗兹

在里勃斯金的自传《破土：生活与建筑的冒险》(Breaking Ground) 中，时间并不表现为客观意义上的顺序，而是与成长的经历密切相关。可能因为一个相似的场景或相似的处境就能令他的回忆溯回到幼年或是与父母、家庭有关的叙述中。波兰的罗兹可能不是他最钟爱的回忆，却的确是最重要的一站。里勃斯金在那里成长，与他相伴的是工业城市特有的灰暗以及这个国家的灰暗，正是这种极致的灰暗令里勃斯金的童年充满了对色彩与光亮的强烈渴望，哪怕这种光亮是来自于一摞布料，一只蝴蝶标本。即使在离开波兰去往以色列的前一夜，行李上颤抖的月光传达的也是不安而非希望。如此压抑的环境之下，里勃斯金在以色列最终看到地中海强烈的阳光时的冲击可想而知，所以在《破土》中也不吝笔墨地记录下这种湛蓝的冲击。与之相仿的，是之后全家坐船在晨曦中眺望纽约时的激动心情，这次的震撼不再来自于自然，而是这座城市壮丽的天际线、流溢出来的富足传达出的自由与希望。这种最原始的感觉之后反复出现在里勃斯金对作品概念的阐释中，并且将他指向了追问建筑本质的道路。尽管里勃斯金从未做过自称，但确实有人将他的早期作品划入现象学派的阵营，这些对体验的敏感无论在解构主义的作品还是先锋主义的作品中都当属异类，正是这些不同环境下的生活经历令里勃斯金具备了对场所、光线的极度敏感，并将他与其他建筑师区分开来。

与父母的经历相似，执业之后的里勃斯金与全家也保留了不断迁居的习惯，正是这种奔走的生活方式令里勃斯金拥有了一种世界主义者的品质，既是作为异乡人的存在，又是一个作为当地人的非存在，这种现实之间的间隙令他的建筑、他的国别身份有了更多玩味的可能。对里勃斯金而言，罗兹可能并非是作为建筑师的最好起点，可是这份沉闷、僵化之下的躁动却给了他破土而出的可能。

美国 / 纽约与匡溪

不知是出于本意还是向世贸重建项目示好，初见纽约港是里勃斯金在自传中反复提及的时刻，甚至父亲来迎接时的表情都历历在目。的确，对当时饱受东欧共产主义煎熬的里勃斯金一家而言，踏上纽约无疑意味着新生活的开始。里勃斯金的传奇也在于他音乐神童的经历，与他一同获得奖学金而从以色列赴美的是声名斐然的小提琴演奏家帕尔曼 (Itzhak Perlman)，后者最令人印象深刻的作品当属《辛德勒的名单》了。里勃斯金自豪地写到曾有乐评在描写他与帕尔曼同台演奏时"几乎对帕尔曼这位小提琴天才只字未提，却把全副心思放在我这个怪怪的、个头小小的手风琴手身上"，另一位音乐大师则称他"穷尽了手风琴的所有可能性"。也正是音乐上的局限让里勃斯金最终决定转学建筑。

即便转行，如此之高的音乐造诣同样对里勃斯金产生了巨大的影响，这不仅仅体现在对韵律的感知，作为欲求穷尽建筑可能的学者而言，音乐本身的抽象性为探讨建筑的本质打开了更多的维度。

早在求学时，里勃斯金的名字就与当时建筑界风头最劲的人物联系在一起，他的老师是诗人建筑师约翰·海杜克，与埃森曼、迈耶也保持着亦师亦友的关系。当时的库珀是纯粹形式研究的重镇，这种研究方法与建筑态度对里勃斯金影响深远，并且被带入匡溪艺术学院的教学实践中并保留了下来。但是里勃斯金在自述中却没有对这些形式教学与这些建筑师表达多少感激之情，初入学堂时的九宫格 (nine square grid) 题目在他看来是"实在做不来"的枯燥训练。与这段经历相比，里勃斯金在 1970 年代前往英国艾塞克斯大学 (University of Essex) 的求学经历显得更加无名，但是导师威斯利 (Dalibor Vesely) 的研究方向令里勃斯金原有的形式功底被现象学影响，这直接催生了里勃斯金在匡溪时期作品之间的重大转变。从最开始的"微显微"(Micromegas) 系列，到"拼贴画谜"(Collage Rebus) 到"室内乐"(Chamberworks)，欧洲思想从 19 世纪末到 20 世纪初的几个重要的转折性成果在他的作品中陆续呈现，并与他特定的建筑经验产生了激烈的撞击。在"微显微"作品中，胡塞尔的几何学的起源观点是这种思考转变的由头，出于对"结构本质"的寻找，里勃斯金的作品中既要融合抽象的音乐 / 数学观点，又必须体现建筑学的经验，是否有一种方式能够描述这两种不同的经验？这幅

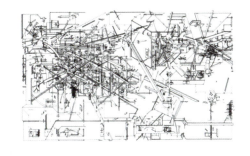

人物

作品中虽然有碎片和爆炸，但尚能分辨出原型与相互之间的延续感。同样的特点也表现在"拼贴画谜"中，但是碎片之间的重新组合又令它有了重构的意味。里勃斯金曾将自己称为是"困惑的参与者"，并不意在寻求解答而是在重新引入建筑实践的目的与方法。但这些思想上的分叉正是描绘了里勃斯金在观念创作上的多层，也多少能够了解他思想转变之中的轨迹。在最后的"室内乐"中这些意义全部被抽空，"'室内乐'既没有整体，也不依附于碎片，线并不能描绘出无法被打断的实体"。[罗宾·艾文斯 (Robin Evans) 语] 意义既没有历史，也不追随命运，而是沉溺于无尽的虚无之中。

与里勃斯金之后实践的光环相比，这个在观念上多产的时期却经常被埋没。可正是对这些问题的思考为柏林犹太人博物馆的多重意义做了准备工作——把概念放在建筑实践的首位。同时他的工作为匡溪艺术学院带来了很好的起点，不仅为以后长期的教学方向、探讨方式奠定了基础，也把世界带入了与世隔绝的小城。

德国 / 柏林

1989年，就是柏林犹太人博物馆公开竞赛的同年，柏林墙终于倒塌。这个富有深意的历史实践被媒体以近乎启示录一般的语气宣布，但配上的却是柏林墙依然矗立的图片，只是现在人们在柏林墙上狂欢。在这里，建筑实体上的存在已然无法与它所代表的符号意义相提并论，当建筑被作为一种政治意志的投射时，实体的倒塌意义远没有作为"奇观"倒塌的意义来得大。里勃斯金的犹太人博物馆方案面对的是同样的情境，这个设计预示了柏林这座城市的身份——它虽然不再被分裂，却充满伤痕；而里勃斯金面对伤痕的作法既不是弥合也不是外露，这座建筑依靠着这些伤口生长。而既往与现实之间的间隙也成了里勃斯金最重要的设计手段——这个设计既存在于概念（亦如头脑中的柏林城），又存在于真实的事件与意义中，于是里勃斯金也发现自己坠入了由实体与计划"景观"交织而成的网中。这也奠定了这座建筑最基本的悖论与难题，按照里勃斯金的想法，应该由一种缺席来构筑建筑的实体图像。前者无疑与里勃斯金在匡溪的工作一脉相承，但是如何用无文本的箴言、无音乐的旋律、无存在的存在来完成这座无展品的博物馆呢？无论如何，在这里里勃斯金又退回了对意义描述的阶段，他否认了现代建筑在意义上的削减，反而穷尽了各种语言加以阐释。"室内乐"中对线的研究在这里变成了变异大卫星的诠释。在这个过程中，不免看到一位理论好手在转向建筑师职业时的捉襟见肘，但是这并不妨碍参观者对这座建筑乐此不疲的猜想。

我们自然不能否认这座建筑在意义上的稠密，也同样无法忽视它在视觉上的强烈刺激。而里勃斯金本人也从不避讳对锐角、碎片等鲜明形式的使用，各种战争博物馆、犹太人博物馆的项目也接踵而至，争先恐后地收藏里勃斯金的建筑，即使那些空间并不真正地适宜展出。在这种自我标识之下，建筑与场地的割裂也愈发明显，这不仅表现在突兀的建筑形体，也存在于建筑师态度的矛盾——既要时时记住惨痛的过往，又要让这个场地迸发出生命的活力。就在埃森曼宣称自己能够通过空间造作让任何人感觉到身体上的不适时，里勃斯金的内部建筑空间一如既往地被倾斜的地面、尖锐的转角所占据，这让人们不免对这批先锋建筑师的"制造惊奇"的初衷抱有怀疑。但这些建筑又是最"上照"的，在媒体的鼓吹报道之下，一度被里勃斯金抗拒的图像最终被欣然接受并且大行其道起来。就在里勃斯金忙于在世界各地遍植这种图像之时，批评非议也伴随而来。以至于新旧金山当代犹太人纪念馆竟然是由希伯来字母"L'chaim"（生命）变化而来，就在摇摇欲坠入后现代深渊的时候，里勃斯金却总有一套说辞来解释他意义愈加稀薄的建筑。

2001年9月8日，在十年的斗争之后，柏林犹太人博物馆终于落成。但是之后的第三天却成了里勃斯金还有全世界都会记住的日子。

1 为 Sawaya and Moroni 设计的茶具
2 可在全球广泛应用的定制系列——里勃斯金别墅（©Frank Marburger）
3 柏林的玻璃中庭内景（©Bitter Bredt）
4 纽约世贸中心重建项目与自由女神像的关系（©SDL）
5 纽约世贸中心重建项目中的"自由塔"效果图（©Miller Hare）

美国 / 纽约

里勃斯金从不掩饰把自己作为救世主的想法，也坚持地觉得冥冥之中他是命定的纽约世贸基地重建的不二人选。这次他以纽约人的身份回来，并在《破土》中不断地向美国与纽约示好，将纽约称为"真正的家"。但是作为一个周转于世界各地的多国籍派，他的"开始"无从定义。说到这里，《破土》与其说是建筑师的自传，倒不如说是建筑师对纽约"归零"项目的一本血泪史，其中是各色人等的嘴脸和明里暗里的角力。而与他们形成鲜明反差的是里勃斯金自我对"真理"的一贯秉承与不屈不挠的斗争。中肯地来说，里勃斯金的提案对饱受创伤的美国人的确足够动人，在每年"911"两架飞机撞向大楼的时刻，向纽约深邃的地下引入特殊的纪念性光线——"光之楔"的提出多少带有些早期现象学的影子，也与"911"当天晴空下的愁云惨淡如此恰如其分。然而方案中其他高层建筑却保留了建筑师一贯刻意震惊的效果而饱受诟病，可是一旦里勃斯金本人都加入了媒体的叙事大军，其中的真相与渊源也就此"归零"了。最终里勃斯金如愿成为重建项目的总规划建筑师，但从竞赛方案到实施方案的几易其稿与建造进度的缓慢就足以说明即使担当起这个名头，也绝非一帆风顺的美差。

时间、意义或物质的问题不再被讨论，并不是因为它们在这个事件中不存在，只是对现在的里勃斯金而言，任何出于"本质"上的探讨都真正地没有了意义。他宁愿用更浅显的语言与更独树一帜的风格来阐释这些建筑。在《破土》中里勃斯金曾深情地写到他走下双子塔地基，触摸到的抵抗海水的连续墙（slurry wall）是灵感的来源，并将它盛赞为民主的基石，"911"之后的纽约一定能够在这个基础上重新站起，再放光芒。可是，如果我们愿意去想，双子塔真的是代表自由、民主的偶像吗？正是这样两座在霸权的异常能量下积聚起的资本景观，它们脚下的基石从来就不是所谓的"民主"或是对全部人的"民主"，而是太多太多的人为物质，所以在一触即发之间顷刻化为平地。但是里勃斯金在其早期甚至柏林犹太人博物馆中对"本质"的追问在这里都没有继续，更像是资本裹挟之下的产物。或许徐冰籍以讨论"911"事件的作品——《何处惹尘埃》才是对虚无的真正解释，双子塔的尘土从有形到无形再到落在地上的那一句"Where does the Dust Itself Collect?"让这种虚无成为真实存在的观念，然而这种观念在建筑的实体中，尤其是在奇观建筑的实体中是难以被实现的，因为它们原本就是一对悖论。最终，里勃斯金早年津津乐道的"经验几何学"在这里只留下了对几何形式的摆弄；他对时间与本质的讨论与现在的这个世界达成了共识，沉醉在异化的"景观时间"中不愿醒来。

其实，里勃斯金可以称得上是没有开始的人，又或者哪里都可以成为开始；每每有人批评他的立场时，他可以用一贯的狡黠回答："建筑是一幕乐观主义的戏剧；遗址不能成为埋葬死者的墓地。" END

对话丹尼尔·里勃斯金
CONVERSATION WITH DANIEL LIBESKIND

| 撰　　文　　 | 陆黍　徐明怡 |
| 资料提供　　 | 丹尼尔·里勃斯金建筑事务所 |

ID =《室内设计师》

DL = 丹尼尔·里勃斯金（Daniel Libeskind)

多数由丹尼尔·里勃斯金设计的重要建筑皆被认为是将伤痛情绪转换为建筑的作品，因这些建筑物都代表近代人类历史上受创最大的两次事件：犹太人大屠杀和911恐怖份子对纽约双子塔的攻击事件。

综观柏林犹太博物馆、丹麦哥本哈根犹太博物馆、加拿大多伦多犹太战争军人纪念碑、英国曼彻斯特帝国战争博物馆、纽约世贸中心重建项目等案例，里勃斯金蓄意创造了挑战物理定律的解构派建筑观，将那些文字中的诗意赋予了建筑空间中。匈牙利评论家 Laszlo F. Foldenyi 曾写道："虽然这些建筑似乎会随所处环境不同而有所不同，然它们却是完美也具有同质性的，并会在所处的环境中抓住所有人的目光。它们都自成一个世界，与一些神圣的意义有关。"

日前，他因为出席"建设宜居和可持续亚洲城市"论坛来到上海。出现在我们面前的他却并不像他的作品那样感性而诗意，他个子不高，方脸，有棱有角，满头银发，戴着副具有未来感的厚框眼镜，操着标准的美式英语，语速极快，反应灵敏，20分钟的演讲时间内，将新加坡的吉宝湾住宅、意大利的米兰公园计划、韩国的新城项目以及纽约世贸中心重建项目仔细而清晰地介绍了一遍。

如今，与其他建筑师一样，里勃斯金也开始了多元化尝试，尤其是超高层的大体量建筑。除了世贸中心的重建计划外，他手上的项目一个比一个大，而形态上也更为"国际化"。这种转变对那些处于事业巅峰的国际建筑大师们是不可避免的，但许多人都会疑惑，里勃斯金是否会因此放弃曾经存在于他建筑中的令人着迷的情感诉求。对此，里勃斯金认为超高层项目也应该符合当地的传统与文化，并融入当地的生活中，他说："对当地人来说，每一个城市都是世界的中心，所以我们无论在哪里做项目，都必须倾听人们的声音，仔细观察他们，去爱上这个城市。"

| 1 | 2 |
| | 3 |

1　纽约世贸中心重建项目日景效果图（©RRP, Team Macarie)
2　纽约世贸中心基地现状（©Joe Woolhead)
3　纽约世贸中心重建项目效果图，泥浆墙为人们提供了思考的氛围（©Michael Arad & Peter Walker）

ID 您原本手风琴造诣颇高,为什么放弃音乐而改行去做建筑呢?

DL 是音乐引导我走上建筑道路。其实建筑是另一种形式的音乐。它如音乐一样想要平衡,音乐是耳朵的艺术,而建筑是眼睛的艺术。我并没有放弃音乐啊,我通过建筑来延续音乐。

ID 很多评论家都认为,您是当代极少数能给自己的作品打上一条可识别"烙印"的建筑师中的一个,那些尖锐、角形的金属碎片和反重力的墙体这样的表现方式也被认为是"里勃斯金建筑风格",这类设计的思维过程是怎样的?

DL 这有点难以解释,这是一个创造的过程,而且也意味着必须与世界潮流接轨。当然也须了解一些建筑机能上的问题,但我认为要创造一些与音乐、社会有关的设计,这才是建筑。

ID 那建筑对你而言更像是种表达方式吗?

DL 情感不属于个人,而属于整个世界。个人灵光乍现的灵感和现实世界的情感间还是存在差异。现实并非只有智能活动而已,举例来说,我们听音乐时并不会就把音符加上去。因为当我们听音乐时,所感受到的是音乐带给我们心灵的力量。所以,建筑只是一种感知,但也有理智的层次:可以是数学,也可以是几何的层次,这些都含括在建筑之内。建筑是我们日常生活的一部份,这也是一种超越硬件、材料的沟通方式,超越了构成建筑的物理实体。

ID 柏林犹太人博物馆是您设计生涯中非常重要的项目,一直受到广泛关注,可以介绍一下您的创作意图吗?

DL 柏林犹太人博物馆是非常特别的一个作品,因为它是关于屠杀的,它带领我们回到那样一个特殊时期,那样一个改变了德国的时期。建筑物可以用于交流,它们总是在诉说着一个个故事,是我用了另一种方式去讲一个故事。其实建筑就是一个故事的讲述,通过建筑我想要打动人们,我并不想通过信息的传达来达到目的,而是希望给大家一种充满希望的感觉。悲剧总是无法改变的,但是我们可以给他们以希望。就像战后年轻的德国人最终还是改变了他们的命运,并且现在用这样的经历来教育下一代。

ID 那您是如何将这种抽象的情感转换成建筑形式的呢?

DL 建筑须以自己的方式来传达意念,例如光线和比例等等,而非只和"人"这个单一对象做联接,因为建筑本身就代表着一个故事。当然,每栋建筑都在述说着一个故事,即使不说话的建筑,也在告诉我们它们"无言以对"的情境。

ID 谈谈纽约世贸中心重建项目吧。

DL 我记得非常清楚,9·11那天我在柏林办公室上班,犹太人博物馆即将开放。我刚想不要再做和历史有关的项目。然而,9·11让我知道历史是不可捉摸、深不可测的,这悲剧性的一天改变了纽约也改变了全世界,它连接着过去和未来。后来,我参加了竞标,当时的任务书上是希望方案能够纪念这一天,而我认为新项目必须将这个悲剧性的一天与纽约这个城市联系起来,这是与未来的联系。因为"9·11"不仅袭击了美国人,当时遇难者来自90多个国家,这个袭击是对纽约这个开放城市的袭击。而我

人物

们必须在60公顷的土地上满足大量的基础设施与文化设施的需求，所以我们不仅要在人们去世的地方建造纪念性建筑，也要对地块进行开发。

ID 我知道现在的规划是在原址上构建5栋高楼，由南至北，一栋高过一栋，呈螺旋形环立，犹如自由女神手中的火炬。最高的那一栋"自由塔"有1776英尺（约541m），建成后，"自由塔"将成为全美国最高的建筑。这样的超高层建筑与纪念的联系在哪里？

DL 1776正是象征着美国通过《独立宣言》的1776年，这对当地人有着很重要的历史意义，而且纽约人的生活方式就是摩天大楼的生活方式，我们并不应该因为纪念罹难者而改变纽约人的生活方式，所以我的方案是令这里仍然是原来的样子，人们也不应该每次到这里都非常恐惧。我的方案中保证了公共区域足够大的面积，这里都有很好的日光与灯光，不会给人们紧迫感。而在这个项目中，水是最为重要的，因为它具有治愈伤痛的功效，它将成为这座建筑的标志性元素，在这里，人们可以找到安静的一角；还有就是灰浆墙，这在整个项目中也非常重要。我们要对公众开放这里，且成为纽约人生活的一部分，我不想让人们在这里看到纽约是如何被毁坏的，而是看到纽约正在如何被建设。

ID 介绍一下这个项目的进展吧。

DL 我上周刚刚去过世贸中心工地，很庆幸现在一切步入正常。目前有4000名工人在工地，下周会达到1万人，他们会24小时不停地工作。由于私人投资者重新参与，明年可以确定纪念馆、博物馆、车站以及由日本设计师设计的4号楼可以竣工。

ID 中国在这几年连续发生两次大地震。目前，重建工作也正在进行，对究竟建立怎样的地震纪念馆的争论一直非常激烈。对此，你有什么建议吗？

DL 如果想治愈创伤，就必须面对它。如果刻意遗忘的话，创伤是永远不会好的。其实，建筑是很好的载体，他能够让人与建筑进行面对面的冲击，起到治愈的效果。

ID 您有很多纪念馆题材的博物馆作品，能介绍下，能够治愈伤痛建筑的特点吗？

DL 我觉得每个能够抚慰人们情感的建筑都是独特的，不能被复制的。这些建筑对人的情绪肯定会产生一定的冲击。建筑师在设计过程中，首先不能隐藏自己的悲伤，而是应该和自己的情感阴影交流，和周边环境、天空和光交流。另外，我觉得很重要的一点是，建筑应该富有灵魂，能够联接人心。这不是在建筑的范畴了，应该是更深层的情感方面的关联。

ID 新加坡的别墅项目不同于您以往的风格，您是否希望建筑与周边发生联系，而不是你一贯的建筑与历史发生联系？

DL 这是我想要创造的另一个很重大的项目，我想要试图发明一种新的形式去结合当地的元素。每个人都想要亲近自然，每个人在自己的空间里都是独一无二的，你站在一个空间里思考自己的独特。其实这些促使我的住宅项目在都市内去设计，所以我想要设计一种新的方式让人们步行，从儿时起我们的记忆总是在这里。每个国家地区都有特殊的文化，都是独一无二的，我想要创造一个新的周边的环境，给人们特别的空间感受，比如剧院之类的，就是人们非常享受的公共空间。

1	3	4
2	5	6

1 纽约世贸中心重建项目线图（©SDL）
2 纽约世贸中心重建项目概念草图（©SDL）
3 新加坡吉宝湾效果图，圆滑的曲线造成了楼与楼之间不同的开口与间隙（©VMW Obilia）
4 新加坡吉宝湾草图（©SDL）
5 意大利米兰阿尔杜伊诺住宅大楼效果图（©SDL）
6 意大利米兰阿尔杜伊诺住宅大楼效果图（©Stack Studio）

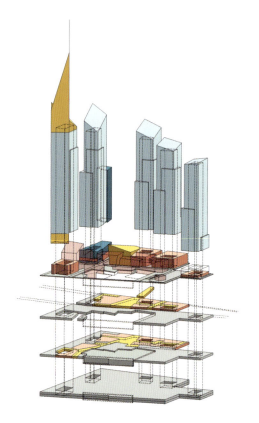

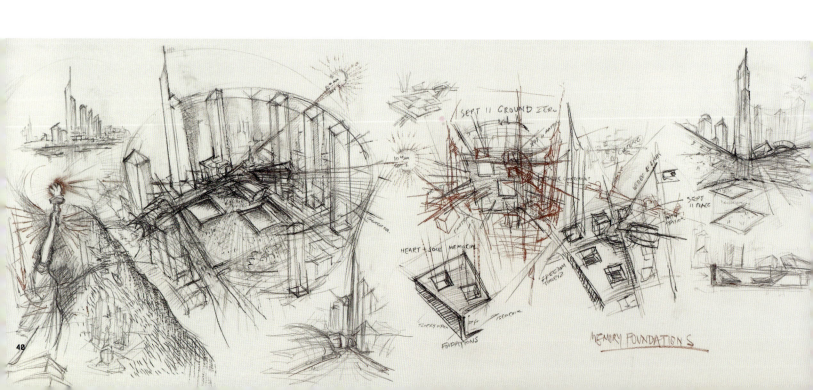

ID 前些年,您的作品通常以博物馆项目为主,您用尖锐、角形的金属碎片和反重力的墙体,用违反常规来传达着一种显而易见的刺激情绪,而在现在,如新加坡、米兰和韩国等的这些超大型项目中,您是如何将建筑的情感与当地的文化植入其中呢?

DL 每一个城市对生活在其中的市民来说都是世界的中心。每个地方都不是一个抽象的地方概念,它和当地的人,以及不断发展的历史发生着关联。我的每个作品都非常不同,你不能重复自己,关键是要倾听来自这个城市的秘密之音。

ID 您对于生活经历对建筑经验的影响非常看重,并反复强调建筑是一种生活中的冒险,这是您一贯的设计思路?

DL 生活不易,建筑告诉我们未来一定会好的,给人们 些乐观的想法。在我看来,任何事情都是可能发生的,我们看世界要像小孩子的眼睛去看世界一样。人总是比机器更强大和聪明的。我做建筑是为满足需求,而不是凭个人喜好,我认为建筑师不应该决定需求,而是要反映实际需求。

ID 您在2008年出版的个人回忆录中,把建筑和生活都比喻成冒险,在您印象中,在建筑设计上冒险的事有哪些?

DL 我在建筑上尝试改变过去的一种想法。比如瑞士的那个购物中心,传统的理念就是让人们买东西,但是我认为购物中心应该也是一个文化的体验中心,无关商业,而是强调文化的重要性。他们的休验并不只在购物,而是让他们觉得很开心地看到那些物质世界。因此我总是用不同的理念想法去设计。我觉得最重要的总是人,建筑应该关注人。再比如说世贸中心的项目,把它和过去联系起来几乎是不可能的,但是我想让它面对希望,面向未来。我不只是重建世贸中心,而是要为整个纽约设计,我要平衡过去和未来。我并不想单纯地建设所谓的什么最高的大楼,而是一个关注人类的建筑。所有的人都是平等的。通过建设纪念塔,来纪念过去。

ID 您在2004的香港城市大学的一个项目结束后,曾在2008年的一个建筑论坛里劝建筑师来华要三思?

DL 不,这不是我说的,有人曲解我的意思,中国的改变很快,中国是个很重要的地方。我的想法是,城市对于人们来说是很重要的,任何城市设计,公众参与都是很重要的。建筑是个讲伦理的工作,应该在开放的环境中进行。我所指的,是那些把自己方案强加给中国当地政府的建筑师。他们应该放在一个伦理纬度中思考,什么是适合当地的建筑,而不是顺应自己的喜好。

柏林犹太人博物馆
JEWISH MUSEUM BERLIN GERMANY

撰文	周渌佳
资料提供	丹尼尔·里勃斯金建筑事务所
地点	德国柏林
建筑设计	丹尼尔·里勃斯金
面积	3935m²
竣工日期	1999年

1 建筑物外部布满无数的破碎断裂的直线脉络（©Michele Nastesi）
2 俯瞰图（© Guenter Schneider）

游历柏林犹太人博物馆是一番焦虑而疲惫的体验。昏暗的甬道，高踞的阶梯，沉重的铁门，无处不在的切口与锐角都让参观成为对苦难的感同身受。

与此相仿的，是博物馆从1989年中标直至2001年落成所经历的长达十余年的焦灼。在此期间，柏林墙倒塌，东德西德更弦易帜，接踵而至的是大规模的城市改造。而博物馆所处的菩提树街(Lindenstrasse)正是新旧柏林城的交汇点，时断时续地沿街散落有这座城市历史的踪迹。然而有一些历史在这般景观中却成了永远的"缺席"，比如屠杀，比如犹太人与这座城市、这个国家难以言明的既往。这种对不可见(invisible)与可见(visible)元素的无穷延异正是建筑师丹尼尔·里勃斯金在这个项目中试图完成的宣言。

无论是犹太民族两千余年的流浪历史，还是犹太人在这座城市中的生活过往都已经无迹可寻，而这些碎片般的素材成了里勃斯金设计的起点。在建筑师的方案自述《线与线之间》(Between the Lines)中，建筑的结构正是由四重"不可见"的历史踪迹延异而来。在设计之初，里勃斯金就曾在柏林地图上把对犹太传统和日耳曼文化有着重要影响的作家、艺术家们的生活轨迹描绘出来，并将其视作两种文化之间潜移默化的影响。在这种连接之下生成的大卫星形状在之后的设计过程中被引申为建筑曲折的骨架。另一重寓意是集中营中死难者的姓名、死亡日期、死亡地点以铭文形式留下的符号，但是这些符号所指的本体都已经不存在，确切地说是死亡代替了他们的缺席。至于其它两种含义——用建筑的手法完整表达奥地利犹太作曲家勋伯格(Arnold Schoenberg,1874—1951)未完成的歌剧《摩西与阿隆》(Moses und Aaron)，根据瓦尔特·本杰明(Walter Benjamin,1892-1940)的《单行道》(Einbahnstraße)60篇随笔转换生成的60个连续建筑断面——则更加晦涩难懂。它们是不存在的存在，是无音乐的旋律，是无文本的箴言，这些琢磨不透的元素相互指涉又各自显现，令建筑结构呈现出迷宫一般的属性，成为踪迹的踪迹，隐喻的隐喻。而对这些碎片无穷无尽的解码与阐释也组成了里勃斯金犹太人博物馆方案中最能打动人心的前篇。

然而这些"不可见"终究要固化成"可见"的实体，或者在里勃斯金的工作中这更多意味着如何将建筑符号化。于是上述隐喻所代表的立场——踪迹与死亡在建筑形体上获得了直接的体现：前者是作为建筑轮廓、连续展开的折线，涵盖了博物馆主要的使用空间；后者是纵贯建筑形体、被切断成诸多片段的直线。两条线在形式的迂回中各自延伸又互相交错，相遇的部分被称为"虚空"(Void)，用通高的混凝土墙与公共区域完全隔断，只能从不同标高的天桥上进入它的各个片段。这些手法使游历建筑的体验充满了不安：建筑没有主入口，只有巴洛克式的老馆内斜插入的混凝土墙体与扶手凹槽内一线惨淡的光暗示了方向；参观者必须在愈发的昏暗中下行3层才能到达博物馆的地下通道，倾斜的地面和不同通道交汇时怪异的透视灭点叫人丧失方向的判断；进入博物馆的展览部分，眼前铺展的是一条必须连续攀爬的长楼梯，墙面白得晃眼，一眼看不到尽头，而间或出现的斜梁与切口令不少参观者必须手扶墙面才能保持平衡；雕塑"落叶"的相互碰撞在"虚空"冰冷的混凝土墙体内发出尖利的声响，扭曲的面孔叫人不忍卒睹；在进入"大屠杀塔"(the Holocaust Tower)前，工作人员会提醒你用心体会犹太人的遭遇，寂静将空间的高耸进一步放大，进入的参观者会在不安之下本能地靠墙站立。死难者的名字被建筑师编织入建筑外立面遍植的切口之中，蓝灰色的锌板、尖锐的折角甚至凌乱的铺地无一不是传达着伤痕的讯息。而这种身心上的"折磨"并不是来自于注入复制死亡集中营场景之类视觉上的诱导，而是建筑再生了集中营给人们心理造成的极端厌恶感。建筑的形态、空间和触感刺激着参观者的感官，也复活了犹太人在集中营的恐怖感受。于是这些"不可见"变成了实体，变成了一种极端的建筑体验。

相比于建筑无穷的隐喻与不断出现的抽象符号，真正的游览路径却更接近于被驱逐的过程。虽然里勃斯金在建筑中设计了三条路径：通向展区的"连续阶梯"(Stair of Continuity)，通向"霍夫曼花园"(E.T.A. Hoffmann Garden)的"流亡"(Exile)之路，通向"大屠杀塔"的死路，但是相互之间没有连接，也没有逆转的选择。这种既定的线路令博物馆成为一座终结的，闭合的建筑。这虽然与结构上呈现出的无序截然相反，却强烈地暗示了犹太民族悲剧性的命运。在走到了死路之后，参观者必须回到三条路径的分岔点重新选择，因为最后只有"流亡"一条岔路才通往自由。这众多的"可见"之中早已暗含了最终唯一的归途，参观者们争先恐后地涌入"霍夫曼花园"这个重现光亮的世界，倾斜的混凝土柱虽然叫人晕眩，可顶端葱茏的绿色多少是一种慰籍。

里勃斯金在《线与线之间》中曾经说道，柏林犹太人博物馆之中"不可见"与"可见"是结构上最根本的思考。而最终呈现的，也恰恰是两个建筑——一个浮现于不可见的隐喻中，另一个固化在可见的实体里，成为彼此的分身。人们对建筑的阐释与建筑内的感受最终变成既关联又分离的相互指涉，共同坠入踪而无迹的迷宫。 END

人物

1　建筑已成为城市中的一道风景线（©Michele Nastesi）
2　博物馆平面
3　地下一层平面
4　博物馆紧邻一座巴洛克式的老建筑（©Bitter Bredt）
5　保罗.策兰庭院（©Bitter Bredt）
6　左边的大屠杀塔与象征着犹太人命运的流放之轴（©Bitter Bredt）
7　金属质感的外立面上布满了不规则的切线（©Michele Nastesi）

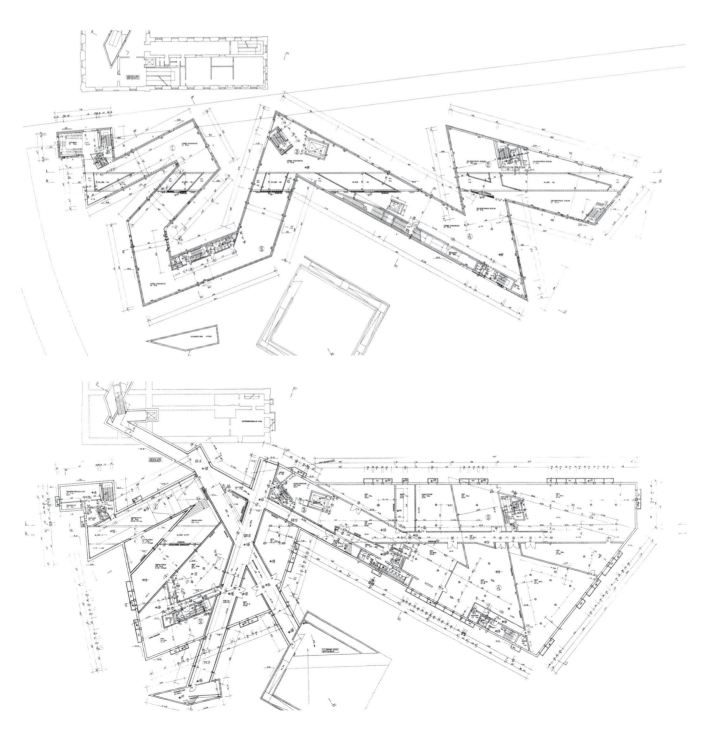

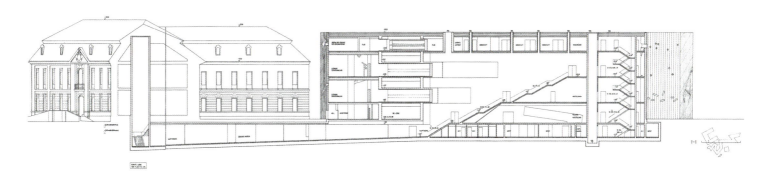

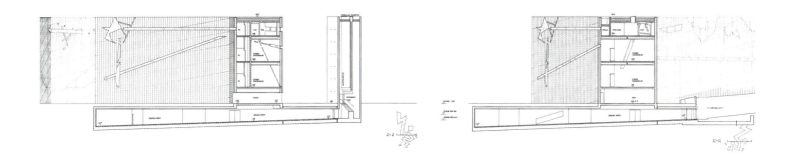

1　大屠杀塔（©Bitter Bredt）
2　梁结构与主要的楼梯（©Bitter Bredt）
3-4　虚空（© Torsten Seidel）
5　剖面图
6　窗户已成为建筑外立面的重要组成部分（©Michele Nastesi）

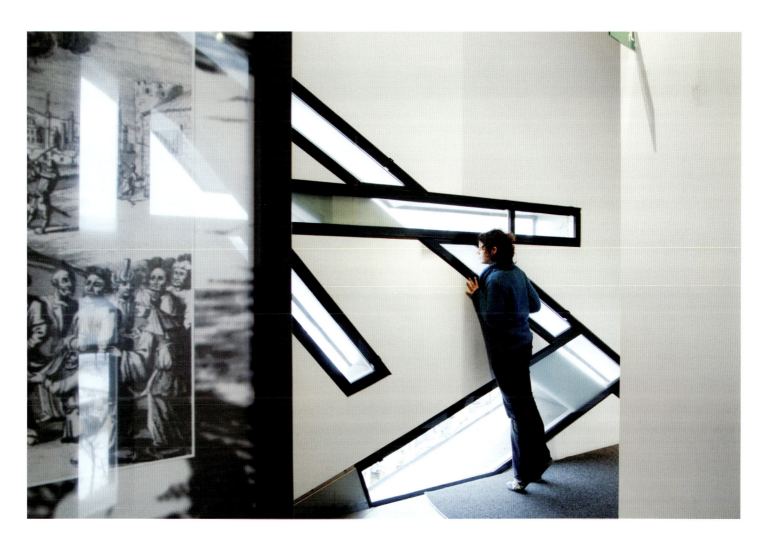

1	2	
3	4	

1 外立面局部（©Bitter Bredt）
2 流亡花园的外景（©Michele Nastesi）
3 楼梯（©Michele Nastesi）
4 地下走道（©Bitter Bredt）

人物

丹佛艺术博物馆附馆

EXTENSION TO THE DENVER ART MUSEUM, FREDERIC C. HAMILTON BUILDING DENVER USA

撰　　文	杨柳青　杨哲明
摄　　影	Bitter Bredt 等
资料提供	丹尼尔·里勃斯金建筑事务所
地　　点	Denver Art Museum 100, West 14th Avenue Parkway Denver, CO 80204 USA
设　　计	丹尼尔·里勃斯金
合作设计	Davis Partnership
竣工时间	2006年
建筑面积	约13560m²

1	5	10	11
2	6		
3	7		12
4	8		13
	9		

1-4　纸模型（©SDL）
5　地下室平面
6　一层平面
7　二层平面
8　三层平面
9　四层平面
10　建筑与周围的关系
11　水彩草图
12-13　这是个由左右玻璃和金属构成的三角形和多边不规则形状组合而成的抽象建筑

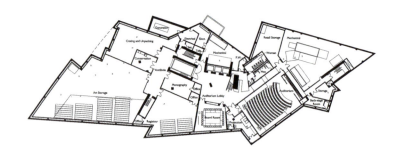

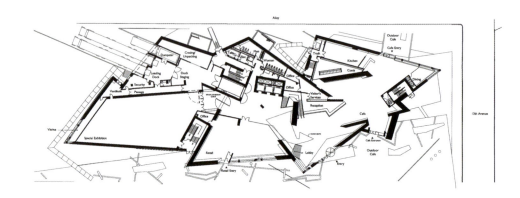

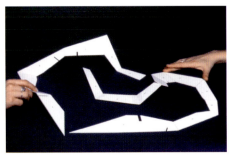

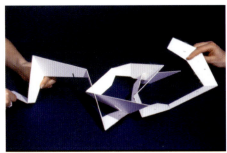

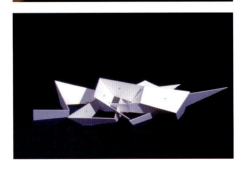

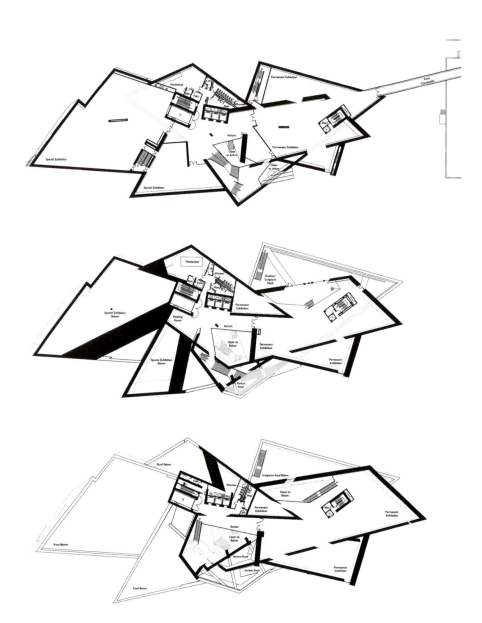

即使在毕尔巴鄂古根海姆博物馆获得成功之前,丹佛的决策者也知道他们需要一个具有国际地位的建筑师来以吸引人潮:1971年,意大利建筑师吉奥·庞蒂被选定为丹佛艺术博物馆的建筑师,他带来了相当不同的设计——两个被反光玻璃砖覆盖的相连的塔楼,28面的雉堞造型和无数的狭长窗洞,就像一个中世纪的堡垒。它被人们称作"古怪的"博物馆。而2006年10月建成的丹佛艺术博物馆扩建项目——Frederic C. Hamilton附馆,使这个博物馆综合体在"古怪"上"更上一层楼"。

从设计公布之初至今,Frederic C. Hamilton附馆始终处于一场争论之中:作为承载艺术展览的博物馆,在告别了毫无生气和性格的"集装箱"后,应以什么样的姿态出现?是否应以"签名式"的强烈姿态压倒展出的艺术品,或是应该减弱自己的角色淡化到背景之中?里勃斯金认为:"新馆在设计时并不是被看作一个孤立的建筑,而是构成城市公共空间的一部分,是城市发展区域的纪念碑及入口。"

确实,由里勃斯金操刀的新馆以雕塑般的造型及内部丰富的空间和光影,给出了自己坚定的答案。一个有生气、创造性、动态的展示空间使艺术品从静止盒子中的陈列品变成了动态空间的活力之源。该馆落成后,的确振兴了丹佛城区中心公园与科罗拉多州议会大厦之间的区域,也带动了南部的一个被称为金三角的衰败地区的发展。在丹佛博物馆综合体内部,新馆也试图在功能和美学上都与老馆及中心图书馆相协调。

该馆坐落于落基山脚下,是座用玻璃和金属构成的三角形和多边不规则形组合而成的抽象建筑,它将丹佛艺术博物馆原有的7层展览大楼展厅面积整整扩大了一倍,成为了美国落基山脚下具有标志性的现代建筑。扩建的博物馆不仅收藏当代艺术品,还收藏杰出的建筑设计和海洋艺术及非洲艺术等,同时它成为了整个博物馆联合体的入口,并容纳商店、咖啡馆、剧场和一个可以看见落基山脉景色的屋顶雕塑公园。如今,丹佛艺术馆已成为全美最新、海拔最高、最具有现代艺术特色建筑的艺术博物馆,也是全美20家收藏最丰富,艺术教育活动最多的著名博物馆之一。

博物馆位于连接南部金三角地区与丹佛市区和城市中心公园的节点上,两条关系线在此交汇。基于此,丹尼尔·里勃斯金在设计之初提出概念"空间的舞蹈"——以两条不相接触的线在空间中相互折叠、起舞。受到落基山脉地貌的启发,新馆无论在内部还是外部,都呈现出断裂状,一贯受宠的对称式布局和对直角形式的执著在此均被舍弃。建筑具有强烈的图形感,这使它晦涩难懂,却有着特殊的感染力;各种状态的线交织于此——短促的、被打断的、折断的、纠结在一起的,这些线物质化为建筑的各个要素。倾斜的面和墙面以及突出的锐角空间使人联想起矿洞中的感受,倾斜的墙面从内部空间延伸到建筑外部,形成了尖峰密集交错宛如矿石晶体的建筑体量。这个硬朗得张力十足的建筑,充满了原始、纯粹的力量。然而该馆并非是单纯基于形式上的想法,也不是对已有想法和造型的老调重弹;它的内部和外部是紧密相关的,令人惊艳的立面背后是独特的空间体验。

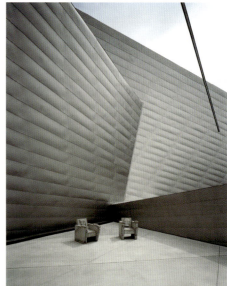

1-2　建筑具有强烈的图形感
3　人行道细部
4　庭院（©SDL）
5-8　剖面图
9　设计师在现代艺术展厅内设计了竖向的墙来展示艺术品
10　视听室（©SDL）
11　狭长的窗洞等夸张的构件构成了复杂的室内空间

建筑内部和外部一样错综复杂，没有平行和垂直线的空间，倾斜破碎的墙面，夸张的构件，创造出戏剧性的空间和光影。参观者通过一个服务区域到达高36.5m的四层通高中庭，倾斜飞舞的墙体、天窗、沿着斜墙盘旋而上的楼梯和错综的光影，戏剧性地交织于此，极具震撼性。中庭通达博物馆商店和观众厅，楼梯方便参观者到达楼上的展厅。建筑从二层至四层向北偏移，一个钢和玻璃的廊桥从二层的展厅横跨第十三大街与北侧Morgan附馆顶部的玻璃展厅相连，一个尖角状的巨大悬臂悬于廊桥之上，直指老馆。这个悬臂内部容纳一个两层通高的展厅，顶部是可以看见丹佛入陈线和落基山景色的雕塑公园。当参观者沿着一系列艺术展厅走下来的时，他们会发现一个很吸引人的几何感强烈的平台，在那里，他们可以观看艺术品，棱角空间营造出炫目的感觉使人印象深刻。

里勃斯金在设计过程中与博物馆的投资人、馆长、工作者深入交流，并激发他们的创造力，在设计建筑内部空间的同时考虑到"盒子"以外的部分。在仔细考虑参观者与艺术作品的交流方式后，他们设计了竖向的墙来展示艺术品，确定了每个展厅的形状，并且为孩子和成年人创造教育活动。新馆不仅提供了更多的展览空间，也提供了新的公共空间——一个280座的观众厅，为城市中心区域的讲演服务。

Frederic C. Hamilton附馆采用了钢结构，消耗2740 t钢材，9000多块钛金属面板和14500m³的混凝土，其用钢量是同等规模的常规建筑的三倍。楼板间没有柱子，墙体也并非传递重力的排柱，结构和建筑即刻融为一体。斜面和钢结构是这个复杂建筑结构中的巨大挑战。"空间的舞蹈"的概念在表皮上仍有表现：两个连续的面在空间中交织，包裹于结构之外。建筑综合运用了体现文脉的当地石材——科罗拉多花岗石和创新性材料——钛合金属面板，将丹佛的传统与21世纪结合起来。钛合金的表皮使建筑成功脱离了砖和水泥砂浆，它是异质的，但又具有暗示性，统一的色彩使人们想到丹佛纯净的天空。而钛合金的反射性使建筑很好地适应这个城市独特的环境变化，如阳光、色彩、天气等。

里勃斯金还负责设计新馆周边的景观，一个用于展示室外雕塑和巨型作品的广场，以及新馆东侧的5层高、有1000个车位的零售和住宅综合体。

| 1 | 2 | 5 |
| 3 | 4 | |

1　从一楼向中庭区域望去，建筑内部和外部一样复杂，没有平行和垂直的空间
2-3　艺术品展示
4　圆形装置是博物馆的现代化装备之一
5　中庭楼梯部分的戏剧性光影效果

人物

帝国战争博物馆北馆
IMPERIAL WAR MUSEUM NORTH

撰　　文	李威霖
资料提供	丹尼尔·里勃斯金建筑事务所
地　　点	The Quays, Trafford Wharf Road, Manchester M17 1TZ, United Kingdom
设　　计	丹尼尔·里勃斯金
面　　积	约6500m²
竣工时间	2001年

1 鸟瞰图 ©Bitter Bredt
2 草图

帝国战争博物馆北馆（简称IWMN）是一所位于英国大曼彻斯特地区特拉福德的战争纪念博物馆，讲述了自1914年以来战争是如何影响英国社会和普通市民生活的故事，是帝国战争博物馆（Imperial War Museum）的第五座分馆。帝国战争博物馆成立于1917年，发展到现在，已经成为记录20世纪战争冲突、诠释和记录现代战争及个人战争经历的方方面面、涵盖战争冲突的起因、过程和结果，具有重要教育意义的全国性博物馆。

IWMN是丹尼尔·里勃斯金在英国的第一个建筑，也是解构主义建筑的代表作之一。解构主义建筑学开始于20世纪80年代晚期，其理论立场反对现代主义的垄断控制，反对现代主义的权威地位，反对把现代建筑和传统建筑对立起来的二元对抗方式。解构主义建筑最大的特点是表达破碎、凌乱、模糊的想法；设计过程非线性化（很多解构主义建筑家甚至连完整的工程图也没有，仅仅以草图和模型来设计，完全依靠电脑来归纳）；作品呈现出多元和多变的特征，具有很大的随意性、个人性和表现性。所谓"解构"并非把建筑结构、设备管道、实用功能加以消解，而是打破、消解传统的构图法则，提倡分裂、片断、不完整、无中心、不稳定和持续变化的构图手法。其基本原则是提倡偏移、参差、重叠、扭曲、扩散、裂变等全新的解构空间。解构主义建筑作品的形象往往具有散乱、残缺、错位、扭曲、失稳等特征。解构主义建筑理论的核心内容是建筑的社会意义的表达，建筑师通过建筑传达他对社会现实的理解、对人生哲学的感悟以及对人类情感的舒张。如里勃斯金就认为，当代社会是一个非物质性的时代，应该用建筑反映哲学、表达情感。作为一个亲身经受过战争的苦难与迫害的人，他在几个设计战争的建筑作品中都试图以扭曲的建筑形式展现战争背后扭曲的人性，以期让人们永远记住战争带来的苦果，IWMN显然也不例外。

既然是战争博物馆，主题自然离不开战争。"战争改变人类"（War Shapes Lives），是这个战争博物馆的宣传词。里勃斯金认为，战争的根源在于人类社会恒存的矛盾与冲突，建筑要表现的就是这种矛盾与冲突。他说："我绞尽脑汁想传达这座建筑物的本质及意图展现的东西。这建筑与英帝国无关，也与战争无关，而是关于面对全球冲突永无止境的本质。我脑中出现一个地球散成碎片的意象，就在那时，我知道这座建筑应该长什么模样了。"

建筑组群由三个交织在一起的曲面薄壳体空间体块构成。设计概念源于对地球碎裂成片而后重组的想像。三个曲面壳体分别代表土地、空气和水，隐喻当今世界已被各种矛盾冲突撞击成许多碎片，它们共同揭示出，20世纪世界的矛盾冲突从来就不是抽象的纸上谈兵，而是真实地发生在人类之间，发生在陆地、海洋和天空中。里勃斯金指出："诗人Paul Valery曾经说过，我们的世界永远被两大危机所威胁，那就是秩序与无序。我的建筑试图创造出一个居于两者之间的中间地带。"

建筑组群矗立在曼彻斯特大运河畔，从Lowry文化中心和曼联足球场等城市战略要点上都可以望见，并与周边纵横交错的交通系统一同围合出新的城市地标带。建筑几乎整个被金属覆盖，5000m²刨光过的铝包着屋顶，6880m长的标准预制铝板复合墙面，复杂的几何结构和技术细节均通过参数化设计实现，无论晴雨晦明，都闪烁着冰冷的金属光芒，在运河中投下灿烂却毫无温度的倒影。三个壳体相互冲撞、挤压、穿透，宛如被骤然凝固住的地壳激烈运动的瞬间，坦率地表征着俗世中的冲突和战争。

尖锐地高高刺向天空的体块为"空之壳"，博物馆的主入口即设在这个壳体上，它同时也用作投影展示区、观光塔和教学区。入口外表平实含蓄，进入后才会发现内部设计得戏剧性十足。空气穿过脚手架式的金属挂板墙时产生阵阵呼啸声，森寒之感扑面而来。在此，参观者可以直接进入展厅参观，也可以乘坐一部电梯到达塔顶观光台。上升空间中密匝匝的金属杆如网般交织，将空间切割成细碎的小块，令人油然而生一种被围困的压抑感。不仅如此，电梯上升过程中会有些许的摇晃，还会听到金属摩擦的声音，十分惊心。而塔顶观光台的地板亦是镂空的金属网格，俯视下去令人目眩。

体量较大、曲面略微向上凸起的体块为"地之壳"，为通用展览空间。所有的展品都集中在这个巨大的展览空间里，不规则的隔板被用来隔开陈列展品。遵循了和外部形态一样的空间逻辑，展厅内部也具有复杂的几何形组合。大角度倾斜的顶棚和地板，空间纵向上的垂直线也几乎都是倾斜的，只有几条直线。里勃斯金用这种倾斜和扭曲，传达出一种受过战争创伤、身体或心理上造成障碍的隐喻。展厅内光线幽暗，在展品和参观路线导向处都有重点照明，正如里勃斯金常说的——通过你的身体和感觉来触动你的精神与情感，在这里他也确实做到了，通过建筑和建筑内部环境对参观者产生影响，使参观者仿佛脱离日常生活而进入另一个情景疆界。

曲面凹向下的体块为"水之壳"，这个壳体提供了一个可以欣赏运河景色的平台，并配有餐厅、咖啡馆和展演空间。就整座建筑而言，这里实在是一个能让人稍稍放松一下紧绷的心情，从激烈冲突的空间形态和触目惊心的展览内容中解脱出来的地方。经由这个"缓释区"的对比，也更能令人思索动荡和平静、战争与和平之间的巨大落差。

熟悉里勃斯金的柏林犹太人博物馆的人，会在IWMN找到许多熟悉的细节：倾斜的结构、里勃斯金特有的不规则条状窗口与灯槽、光与暗的交织……评论人士认为，在IWMN的设计中，里勃斯金用碎片的冲击来象征争取和平的艰难，用众多的裂纹、斜线（连金属板的排裂都是斜的）、尖角（连地上的铺装都是尖的）来表现巨大的冲突和绝望的境地。从结束参观后游客们或僵硬或深思的表情可以看出，如柏林犹太人博物馆一样，他再一次成功了。

IWMN开放以来，为特拉福德地区的城市再生做出了贡献。这个令人入目难忘的建筑带动了该地区旅游业的发展，目前已成为英国最被热议的博物馆之一。这座集永久性展览、临时展览、学习中心及餐饮于一身的博物馆在建筑设计、展览设计、建造工艺、对区域历史文化的传承和发扬等各方面均有杰出表现，2002年开馆当年就接待了超过42万名游客；2003年或英国营造业建筑奖；2004年，该馆成为年度最具有吸引力的观光景点银奖得主，也是欧洲博物馆年度特别奖得主；2006年被授与曼彻斯特旅游业年度重大观光景点头衔。 END

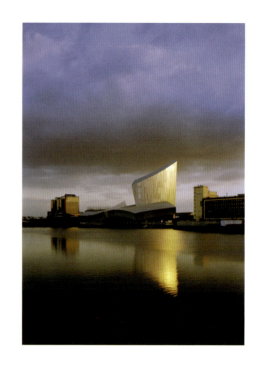

1 平面图
2 从运河上看"空之壳"（©Bitter Bredt）
3 "空之壳"尖锐地刺向天空（©Bitter Bredt）
4 基地状况（©Webb Aviation）
5 主入口（©Bitter Bredt）
6 设计概念草图
7 三个壳体交织在一起（©Len Grant）

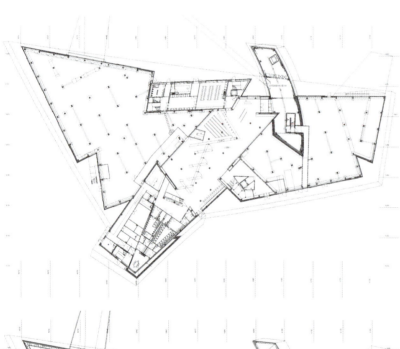

一层平面

主馆楼平面

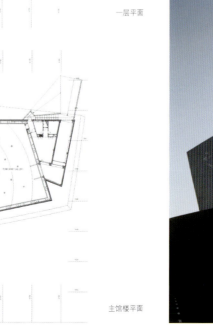

| | 2 | 3 |
| 1 | | 4 |

1 "地之壳"内的展览空间（©Bitter Bredt）
2 "空之壳"观光塔顶平台（©Bitter Bredt）
3 "空之壳"内部（©IWMN）
4 倾斜的墙和不规则的条状照明都是里勃斯金的标志（©Bitter Bredt）

水晶
CRYSTALS AT CITY CENTER

| 撰　　文 | 徐明怡 |
| 资料提供 | 丹尼尔·里勃斯金建筑事务所 |

项目名称	城市中心零售和公共空间综合体
地　　点	美国拉斯韦加斯
建筑设计	丹尼尔·里勃斯金建筑事务所
室内设计	Rockwell Group
灯光设计	Focus Lighting
面　　积	约46450m²
竣工时间	2009年

这是座不可复制的城市，几乎每一代人都在重建拉斯韦加斯，由现代主义过渡至终极娱乐之城的城市大洗牌令其达到了几乎不可逾越的巅峰。进入 21 世纪后，拉斯韦加斯却在从埃及金字塔到巴黎铁塔的世界各地名胜之外，建造了真正属于自己的地标——城市中心（City Center）。其中，由丹尼尔·里勃斯金操刀的零售和公共空间综合体项目——"水晶"是城市中心项目中的一部分，这位擅长纪念型博物馆空间设计的解构主义大师更是将其标志性的烙印引入其中。

人们似乎已经习惯，将丹尼尔·里勃斯金的名字和一系列历史意味浓厚的纪念性建筑相连——柏林的犹太人博物馆、美国旧金山犹太人博物馆、英国曼彻斯特帝国战争博物馆、以色列特拉维夫的展览中心等。他似乎永远也无法摆脱大屠杀的阴影，热衷于建造支离破碎的建筑。但如今，里勃斯金接手的建筑正逐渐多元化，除了纽约世贸中心的重建计划外，他手上的项目几乎一个比一个大，新近竣工的拉斯韦加斯的城市中心零售和公共空间综合体项目——"水晶"亦是其建筑生涯中的新一轮探索。

城市中心是座竖向的垂直城市，坐落于拉斯韦加斯俗称拉斯韦加斯大道的精华地段，在贝拉齐奥和蒙特卡洛度假中心之间，由美国博彩集团米高梅幻影公司（MGM Mirage）和迪拜世界共建，是美国历史上非政府投资的最大规模建筑。这个由八组世界知名的建筑师团队打造的不同风格的庞然大物包括 2700 套私人住宅、两个 400 间客房的精品酒店、一个巨大的 60 层、4000 间客房的度假赌场酒店和零售与休闲设施。城市中心不仅在建筑形态上标新立异，同时也是一座绿色城，一切从节能、环保、人性化出发，得到美国 LEED 认证，这里居然还拥有自己的发电机构，大有"城不惊人死不休"的气概。

城市中心的总裁兼 CEO Bobby Baldwin 这样描述他们的雄心壮志："城市中心将是一个不断进步的旅游胜地，我们的目标是把拉斯韦加斯转变成以它为中心的一个新象征，就像毕尔巴鄂的古根海姆博物馆，巴黎的蓬皮杜美术馆或柏林的索尼中心广场。"

这似乎也不是遥远的梦想。

1	2
	3

1　建筑入口处，其外立面仍沿用了柏林犹太人博物馆的材质（©Alexander Garvin）
2　夜晚，"水晶"散发出灿烂的光芒（© Scott Frances）
3　"水晶"草图（©SDL）

博物馆抑或是名品街？

通常而言，博物馆与大型商业零售空间的设计是两套完全不同的体系，而里勃斯金却剑走偏锋，将自己惯常使用在纪念型博物馆中的"悲怆语汇"引入了这个高端名品街中：在处理空间之间的关系时故意不考虑比例和层次的关联；放弃建筑结构上的匀称感和建筑对重心的依附，使得建筑外形在自然界中分外醒目；随机的、不连贯的几何形体没有明显的互相支持的意思；拐角和尖锐的建筑轮廓线突向参观者；透明的玻璃彼此之间没有内在的区别，将我们知觉的注意力转移到了它们的建筑轮廓线上。

"我的想法是抹去文化、娱乐与商业之间的藩篱。我们早就习惯了这样的博物馆空间与其它的建筑，但我想让这些在零售空间中体现，所以，'水晶'更像是一个博物馆，在这个博物馆里，你可以买到Gucci的包。"里勃斯金说，"从某种意义上来说，这也是对商业文化的一种讽刺。我设计过许多博物馆项目，业主通常会希望最好博物馆商店也能盈利，商业客户也同样如此，只是，他们希望能在商业项目中赋予文化附加值而已。"

向现代都市转型

拉斯韦加斯是个被豪华赌场、高级夜总会、巨型霓虹灯湮没的城市,这个城市里近乎疯狂的波普式建筑拼贴吞噬了单个建筑的存在意义。自由女神像、埃菲尔铁塔、凯旋门、比萨斜塔等世界各地的标志性建筑复制品几乎都汇集于此。里勃斯金认为,拉斯韦加斯已经不再是文丘里在《向拉斯韦加斯学习》一书中表述的那样,这里不再只有巨大的霓虹灯标语与空洞的形式,随着人口的迅速扩张,这里已经成为了一个现代都市。

在这里,混凝土在酒店与赌场之间肆意发挥想像力,却没有真正的城市空间。"街道是这里唯一的城市空间,与其他城市相比,拉斯韦加斯更加的魔幻与庸俗,这里充斥的是对其他地方的怀旧梦想,"里勃斯金说,"'水晶'其实就是对拉斯韦加斯空间非常激进的重新定义,它毫无疑问是非常现代的。"

"水晶"是个能带给我们与以往购物经历不同体验的空间,开放的空间、大胆而凌厉的白色墙体,里勃斯金标志性的棱角充斥着整个空间,在这里,你可以感受到一个从未有过的"罪恶之城",大方的自然光充斥在整个建筑中,而阳光在拉斯韦加斯的建筑中是非常罕有的。

同时,城市中心是世界上最大的绿色建筑,它也是现有的最具有可持续发展能力的社区之一,它把新的环境意识水平带给拉斯韦加斯。美国绿色建筑委员会已经向其中的一部分颁发了能源与环境设计先锋奖金奖认证(Gold LEED,LEED是国际最有影响力的建筑环保评估标准,北京奥运村也曾获此认证)。

1-3 里勃斯金设计的零售空间与普通商场不同,流线十分复杂(©Alexander Garvin)
4-5 空间仍非常注重阳光的引入,这与拉斯韦加斯的其他建筑非常不同(©Scott Frances)
6 "水晶"的户外庭院(©Scott Frances)

城市复兴的良剂？

城市中心并不是个一帆风顺的项目。2004年，正是拉斯韦加斯房地产渐入佳境的时候，这样高标准的建筑及装修，其高级公寓售价高昂。而米高梅集团拥有的众多赌场、酒店和度假村就是印钞机，借债和还债当然不是问题。

不过，结果赶上美国经济衰颓及地产市场调整，米高梅集团2008年转盈为亏。拉斯韦加斯平均房价也已整整跌了44%。经济的不景气对赌城的旅游业影响明显，失业人数激增，搬走的比迁来的人多，这样的大环境几乎令城市中心这座富丽堂皇的宫殿功亏一篑。

在金融海啸中挣扎了近两年的全球经济，最近终于显出企稳迹象。虽然对于千疮百孔的美国市场来说，这条路注定不会平坦，但城市中心的揭幕至少正在形成新的发展势头，掀起的就业狂潮无疑为全球经济注入了一针强心剂。据美国《时代周刊》报道，即将开业的城市中心 City Center 将提供12000个就业机会，在这全球经济都萎靡待振的时候，这对拉斯韦加斯乃至美国来说，都不啻为一针强心剂，大大恢复了人们的就业信心。

里勃斯金亦表示："这是一个非常大胆且有远见的项目，它是具有经济价值的，而在当今的时代，能够持续则是非常重要的，尤其是当人们都没有钱的时候。这个时机并不适合去建造一些平庸的项目。只有在这种危难时刻，人们才能真正走出去并去做一些非凡的事情。而这也是帝国大厦和洛克菲勒中心存在的原因。"

毕竟，在这个群魔乱舞的时间，谁都不能保证将不会出现新一轮的城市大洗牌。

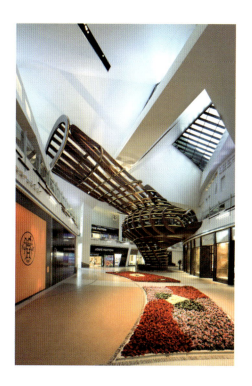

1-2 "水晶"模糊了零售空间与博物馆空间的界限，令人们感觉到在博物馆中购买高档奢侈品（©Scott Frances）
3 城市中心项目是许多人复兴拉斯韦加斯的希望（©Alexander Garvin）
4 "水晶"中的大型装置——竹屋（©CityCenter Land, LLC）

设计沙龙-上海

中国室内陈设现状及发展趋势

录音整理	陈琳
撰　文	西西
摄　影	赵鹏程

2010年9月5日晚，《室内设计师》携手中国陈设艺术专业委员会（江浙沪）代表处在上海举办了中国室内陈设现状及发展趋势研讨会。来自全国的20余名设计师参加了此次活动。活动特别邀请了深圳艺臣设计公司设计总监陈南介绍了她这些年来从事陈设设计的一些经验和体会，并与大家一起分享了他们的设计案例。来自南京的江苏省海岳酒店设计顾问有限公司创始人、总裁吴海燕女士、来自无锡的艺研堂装饰艺术品有限公司艺术总监许如茹女士分别介绍了他们近期的设计作品。大家就从业过程中遇到的问题、困惑和经验进行了深入的交流和探讨。

关于陈设设计

陈南（深圳艺臣设计公司 设计总监）：陈设在我国的确是一个比较新兴的行业，我个人是因为喜欢所以进入这个行业。一个项目之所以成功，好的室内设计和陈设设计都功不可没，两者缺一不可。往往陈设设计越早介入，越有助于整个项目的成功。

我们的工作主要是对室内空间中的物与料两大元素进行色彩分析、质感分析、体量分析、灯光分析，初步体会它们在空间节奏韵律中所起到的作用。我们要选择大量的信息资源和图片信息，选择色彩纹样，灯饰，墙纸，地毯，摆设等等，所以也会参与硬装设计的工作，因此在这里，我个人把这一行称作"装饰设计师"。装饰设计师的工作内容包括概念阶段设计方向参考照片的选择以及主材、家具、灯具、面料的选择。空间确定后，选择色彩、质感、装饰纹样、家具、灯具、装饰品等，提供方案效果图绘制所需的一切素材。在深化设计中，要编制材料说明书，包括空间6个面的材料（硬装）；家具、窗帘等软装的材料及施工图绘制；面料的选择和细部收口工艺处理；装饰线条的款式等；制作材料样板。并按业主要求，解决施工过程中的装饰物品摆放及现场摆放。

吴秉红（苏州金螳螂建筑装饰股份有限公司 总经理助理、金螳螂设计研究院 副院长）：陈设委员会从创建到现在，自身慢慢成熟的同时也见证了我们这个行业的发展慢慢走向成熟。以前我们的很多项目，特别是五星级的酒店，还需要国外的设计师来配合。今天，我看到了我们很多的陈设设计师都是很年轻的，这也说明我们这个行业是个朝阳行业，要靠我们年轻的设计师走出一条路来。

陈成（方振华设计顾问有限公司 设计经理）：我想借此向主讲嘉宾提个问题，对于实际工作中，会有许多业主对风水问题很在意。那么，风水对陈设设计有何影响？

陈南：我觉得设计师必须懂得一些风水知识。以前总认为风水是一种不科学的东西，而从事这个行业之后，发现风水的确很重要，也发现风水并不等于迷信，只是人们在传承这种文化的时候，可能有各自理解的问题。对于我们设计师来说，学点风水的知识，对自己、对工作都是有好处的。

陈成：由于生活水平的发展，很多业主要求设施全自动化，这是否意味着未来的陈设设计会向这个方向发展呢？

陈南：的确如此，人们为了更简便的生活，家居生活会越来越自动化，如：全自动窗帘。这方面我也在努力补课。我觉得未来家居生活的必然走向是自动一体化。

高轶（南京目达室内设计有限公司 设计总监）：陈设设计其实是非常繁琐的，既琐碎又耗神，需要我们付出很大的努力。

朱岚（上海那格装饰设计有限公司 设计总监）：我们在做陈设设计的时候，甲方特别强调独特性，而一般的货源组织是无法满足这一要求的，所以如何将创意设计这种独特性和物料采购相结合是非常重要的。我们现在的项目一般是一半采购一半定制。我们在做概念设计的时候非常强调主题性，强调地域性，这样才能保证特色。

陈南案例

成都小院青城——偏东南亚风格

自我点评：内容可以很丰富，但是必须与环境高度融合，不然即使是再好的东西，和环境格格不入，也是枉然。

陈南案例

广西古象温泉酒店设计

自我点评：融入了广西的特色：水、云、叶（植物）

室内设计 VS 陈设设计

吴海燕（江苏省海岳酒店设计顾问有限公司 创始人、总裁）：我觉得，陈南刚才说的空间设计师和陈设设计师是密不可分的，很有道理。陈设设计是一个新兴的行业，要想和空间设计师一样得到业主认可，还需要一个漫长的过程。现在的业主会为了寻找一个合适的空间设计师而不远千里，因为他知道，空间设计师会实现他所想。但是，陈设设计还处于非常初级的阶段，业主往往没有为此预留足够的经费，他们往往无法接受陈设设计的造价和理念，认识不到其重要性。在这样的初级阶段，作为陈设设计师的我们不应该满足于买些物品拼拼凑凑，而应该是全面发展的。应该在设计初期就和空间设计师一起合作，必须将陈设和空间设计结合起来。

陈南：其实在国外，空间设计和陈设设计通常是在一个公司的。他们的FF&E流程，我觉得很有意义。但是我们不可能全部照搬国外的经验，毕竟我们的设计公司分工和他们是不同的，我们必须去"走自己的路"，寻找自己的设计出路。

张隽（南京万方装饰设计工程有限公司）：陈南，你们的公司设计，我感觉密度比较大。你们做项目时，对定制物料的时间是怎么把握的？

陈南：我们的设计由两个部分组成，一部分是和朗联公司一起做的，这一部分我们从一开始就介入了，配合比较密切；另一部分是独立承接的星级酒店项目，那介入的时间就不太一样，但平均的定制时间一般在2个月左右。所以计划很重要，一定要提前定物料，空间设计和陈设设计得同时进行。

张隽：是的，越早介入效果越好，国外一般是在意向设计阶段就已经介入了。

陶子（无锡新原素室内设计工作室 设计总监）：在国外，住宅设计是不分室内和陈设设计的，而我们国内家装设计的很大部分技术含量在于改变户型。随着房地产住宅户型越来越完善，对软装设计的要求也就会越来越高，对于住宅设计来说，是否会发展为由软装设计就可以独立来完成呢？

陈南：在美国，住宅主要分普通住宅和豪宅。普通住宅一般是拎包就可以入住或者由家庭DIY的，而豪宅则要请人设计。我觉得国内家装设计师与陈设设计师在一些小项目上应该是可以互换角色的。如果作为陈设设计师，对空间一点感觉和知识都没有，那就不是一个好的设计师，反过来也一样。我觉得，这是个教育培训的问题。当然也要求我们不断地再学习。任重而道远。

邱桂香（温州美和国际家居饰品馆）：在独立接项目时，与其他设计师应该如何沟通合作？

陈南：与设计师沟通时，首先要摆正自己的姿态，不要太过于自我，尽量去理解其他设计师，但不可过于迎合，要共同探讨，用引导的方式达到沟通合作。一定要明白自己的角色定位，让自己尽量去理解他们的需求，去服务他们。

对于设计的思考

许如茹（无锡市艺研堂装饰艺术品有限公司 艺术总监）：关于陈设设计大家讲了很多，这里我想讲讲关于情感、情绪设计的问题。我认为，所有的质感、色彩都是具有情感和情绪的，要正确解读物的这个方面的特性，才会使空间更有精神力，打动人心。对于我们来说，审美只是一个基础，精神力的完美体现才更为重要。

刘金石（上海瑞钰空间艺术设计有限公司 设计总监）：看了如茹的案例让我很感动！我觉得，从艺术设计转做陈设，对色彩，气氛的把握往往更到位。我发现很多感动人的设计往往是外行人做出来的。我们做任何东西都需要能感动人。做软装看起来很小，其实涉及的方面很广、很复杂。需要有丰富的经验，广泛的认识及一定的生活经历，才能形成能感动人的设计。有时候不起眼的小细节背后可能有着很多年的积累。

陈南：向要设计出能够调动情感的元素需要我们多看多学，大量地积累。我觉得陈设设计实际是个导演的角色，这也是它的发展趋势，需要调动很多人的参与。

夏芹（上海那格九号装陈设计制作有限公司 设计总监）：作为一个陈设设计师，我觉得如何提高自己的功力是非常重要的。当然天赋是无法改变的，但是修养和素质是可以通过我们的后天努力提高的。

刘涛：陈设艺术的修养往往是骨子里透出来的。一个不经意的艺术品，实际上就是艺术家们艺术涵养的体现。艺术是一种能浸润身心的东西，而艺术的培养则需要经验的磨练。

陈南：作为设计师，我觉得约瑟夫·思考利博士的一段话，阐述了我们设计师的使命："设计的基本着眼点永远是生活其间的人、生活其间的家庭。如何把握一个空间环境，向参观者所直接或间接地传递某种气质，使使用者对环境产生归属感，则是远远超出规范之外的东西。理解并实现这个目标，便是一个专业设计师的使命。"

吴海燕案例

南京中山陵园林——国品燕鲍翅会所（图1）
唐会（图2~3）
君悦餐饮会所（图4~5）
龙景温泉会所（图6）

1

2

3　　4

5

6

许如茹案例
（主案设计：上瑞元筑 冯嘉云）

无锡村前会所（图1~5）
无锡沿河人家（图6~7）

关于设计教育

查波（宁波大学科学技术学院艺术分院环境艺术教研室主任）：我很赞同刚才各位的观点。我是搞教育的，同时也做室内设计。我有一个困惑，现在学室内设计的女生占的比例是四分之三，但是毕业后真正从业的却大部分是男生，女生都改行从事完全不搭界的工作去了。这是一个很大的浪费，怎么才能避免这个现象呢？

陈南：我认为，现在的设计教育存在很多问题。教育不应该仅是教专业技能的方法，更要对职业素质，学习能力等能力的培养，比如吃苦耐劳的精神以及对未来职业的规划。"先育人后教书"才是当代的教育方向。经验是在工作过程中慢慢积累的，所以在上学的时候要掌握学习的方法。

查波：那么是否应该在教学过程中有意识根据性别进行不同方向的培养呢？比如女生引导她今后从事陈设设计？

赵毓玲（《室内设计师》编委）：这是绝对不行的。我们知道，在座的各位陈设设计师，很多人以前都是做室内设计设计的。可以说没有人是与室内设计或者建筑设计无关的。如果说，只是学陈设设计出来做陈设设计，是完全学不好，做不好的。

刘涛（苏州建筑装饰设计研究院 院长）：现在我们公司也在做"产、学、研一体化"的事情，我也在教5个老师，教他们如何去做设计，然后他们再去教学生室内设计。教学生要从案例、实际经验出发，从而把理论和实际相结合。现在的教材和现实是完全脱节的，相对滞后的。这样教出来的学生，他们怎么能在社会上立足；我们的社会，我们的室内设计又如何去发展？

尚慧芳（华东理工大学艺术设计与传媒学院 副系主任）：其实室内设计教育的发展和这个行业的发展几乎是同步甚至是落后一些的。我们作为教育工作者也希望教育要跟上时代社会的步伐。室内设计行业发展这么多年，已经越来越成熟和丰满，越来越深入了，所以我们这些年在培养的方案中也加入了一些细节的课程。 END

历史酒店改建
RENOVATION OF HISTORICAL HOTEL

撰 文 | 土豆

　　有很多人在欧洲旅行时,特别喜欢那些具有百年历史的老建筑酒店,喜欢那种能在旅行途中就能感受到穿梭时空的幻象。反观中国,许多老酒店虽然有着数百年的名气,却不能带给人穿越时空的旅行,连基本的现代化生活都很难满足。

　　不过,近年来,这一现象已得到明显改善,许多上个世纪的酒店正被重新包装后,重出江湖,这些硬件环境曾经像招待所一样的空间,在投入巨资改建后,引进专业酒店管理方,令其与国际上的那些历史老酒店接轨,形成一股时代的洪流。

　　此次,我们选取了一些鲜活的历史酒店样本,希望这些酒店改造案例能为读者带来些许设计灵感。这些历史酒店或蓄意留存老建筑之前的历史,让客人沉浸在他们所营造的那个时代的氛围;或经过设计师大刀阔斧的改革,营造出别样的氛围。如米兰大饭店就尽量保持了19世纪著名作曲家威尔第的痕迹,让客人在入住后,能感受到那个时代的浪漫情怀;苏黎世的多尔德酒店则在诺曼·福斯特爵士的大刀阔斧改建后,为老建筑加上了现代性的双翼,令整座酒店融合了现在与未来的双重特性;位于意大利托斯卡纳大区的圣·米开雷山庄则保留了米开朗基罗设计的建筑外观,而在内部小心翼翼地慢慢增加现代化设施。

　　同时,此次我们也选择了位于上海外滩的和平饭店,这个外滩万国建筑群的标杆性地标在经过了数年的修缮后,破壳而出,经过修复后的精致容貌令众多行家惊艳。修旧如旧的新和平饭店不仅在内部保留了忠于历史的老上海风情,也是古董爱好者与ART DECO粉丝的梦想之地。

福斯特爵士的"双翼"
THE DOLDER GRAND ZURICH SWITZERLAND

| 撰　文 | 常添 |
| 资料提供 | Design Hotels ™ |

| 地　点 | Kurhausstrasse 65 8032 Zürich Switzerland |
| 建筑设计 | 诺曼·福斯特事务所 |

1 由福斯特爵士操刀的新楼裹上了一层树枝形状的表皮，与周边自然环境融为了一体
2 改建后的酒店保留了老建筑，只是在两边新添了"双翼"
3 在新楼的露台上遥望老酒店

即使是老酒店，也不能就始终在过去的荣光下吃老本。新晋富豪常常买下一个著名的豪华老酒店，请来一个更加著名的建筑师来重金改造。苏黎世的 the Dolder Grand 就是这么做的。业主请来明星大腕设计师诺曼·福斯特爵士来完成整个耗资达两亿七千万欧元的改建工程。改建之后的 the Dolder Grand，已纯然全新定义了 21 世纪的豪华酒店范儿。

抚今追昔，它有着极为久远的历史。早在 1899 年，Dolder Grand 就已经是一家很有名的度假酒店和水疗馆了。它就建在俯瞰苏黎世湖边的一座山顶上，那高耸的塔楼、华丽的宴会大厅和舞厅吸引着来自世界各地的富贵名流，成为了苏黎世的精英荟萃之地。但随着酒店的不断扩建，包括在上世纪 60 年代增建的一座不够美观的边房，以及建筑的老化，这座山间度假胜地一度在苏黎世的口碑一落千丈。

然而，2001 年 Dolder Grand 迎来了它的贵人。瑞士金融家施瓦森巴赫买下了 Dolder Grand，在 2004 年时关闭了酒店，邀请来了福斯特爵士操刀这项改建工程，拆除了 1899 年之后增建的全部建筑。

要让老酒店既显得保守异常，又凸显未来风尚，要找到这样的酒店简直难于上青天，但福斯特爵士的改建却做到了这点。坐落于山顶的酒店可俯瞰城市和湖泊，最初建于 1899 年的外观和塔楼如今都已得到修缮，其两侧矗立两栋风格张扬的新建玻璃幕墙大厦：高尔夫楼（Golf Wing）和温泉楼（Spa Wing），这两幢翼楼就像两条由玻璃和钢结构制成的缓带，包裹在传统建筑的后方和下方，熠熠发光。楼内曲线柔和的过道令人想起了《太空漫游 2001》中的氛围。

打开木门则通往现代风格的幽静客房，房内有灰白色的皮椅、橡木地板和私家露台。在酒店内部，你可以在任何一个角落感受到施瓦森巴赫的人手笔设计和奢华理念——无论是主餐厅的全镀银墙壁，还是 13500 美元一晚的贵宾套房中使用的纯手绘墙纸。"每一扇门，每一扇窗，你所触及的任何物品都是一等一的。"Dolder Grand 水疗馆的设计师希尔维亚·萨皮耶如是说。确实，她的设计理念和施瓦森巴赫一致，就是绝无任何吝惜和妥协："这是唯一一个让我的设计理念和梦想发挥到极致的工程。"而这位著名女设计师的其他作品包括美国亚利桑那州 Sedona 的著名 Mii Amo 温泉疗养池和夏威夷的 Mauna Lani 水疗馆。

福斯特爵士对这座传奇酒店的改造并不局限于视觉，还包括对新能源的改造。工程利用探针式地热计，深入 150m 下的地底，采用地热作为能量来源，大大减少能源耗用量达五成但度假村可用地面面积并不因此而受影响，更由原来的 20000m^2，倍增至 40000m^2。

实录

1 B2层平面
2 地下低层平面
3 一层平面
4 新楼呈曲线状，环抱着老建筑
5 标准层平面

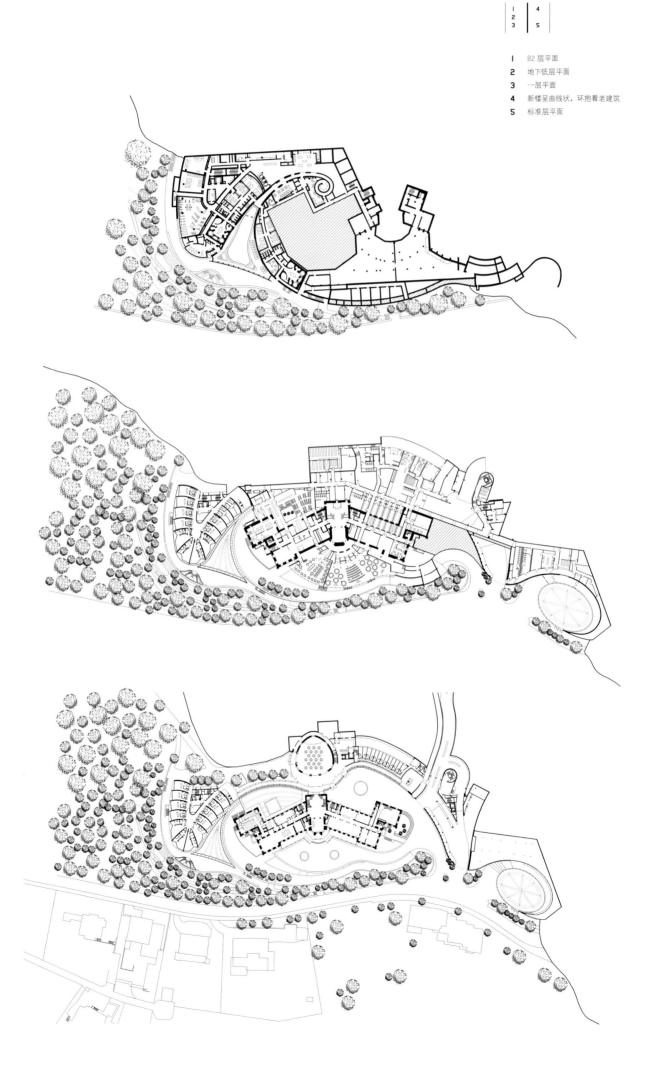

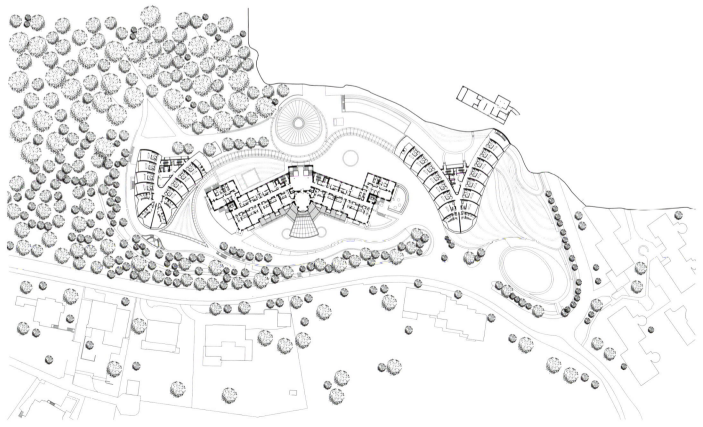

1		4	7
2		5	8
3		6	9

1-2　剖面图
3　楼内曲线柔和的过道令人想起了《太空漫游2001》中的氛围
4-5　SPA空间中的休息室
6-7　取自当地的石材被广泛运用在了SPA空间中
8　新楼外的弧形户外游泳池
9　弧线、富有质感的石材与丰富的光影变化是福斯特爵士此次改建的标志性特色

1-3 老建筑的改建仍秉承着修旧如旧的准则，设计师将漂亮的楼梯、柱子等都细致地进行了修复

4 新楼的客房

5 酒吧空间中的灯具非常特别，仿佛漂浮在空气中的点点烛光

实录

和平饭店
FAIRMONT PEACE HOTEL

撰 文	吴骏 / Vicco Wu
摄 影	
地 点	上海市南京东路20号
设 计	Hirsch Bedner Associates（HBA）

1. 入口大厅是个挑高15m的八角亭，透过顶棚的彩色玻璃，阳光倾泻而下
2. 酒店位于外滩，素有"远东第一楼"的美称，由铜皮覆盖的绿色铜护套屋顶是其标志性特色之一
3. 八角星顶棚的玻璃淡黄而泛蓝灰，由丰富多样的梯形、三角形、椭圆形和扇形等几何形状彩色玻璃构成

4–5 入口大厅的装饰细部

今夏，历经了三年的停业修缮，中国最为传奇的地标性酒店——和平饭店恢复营运，此酒店为锦江集团与费尔蒙酒店及度假村集团今年最令人期待的项目之一。

享有"远东第一楼"美誉的和平饭店，最早于1929年8月1日开业。这座闻名遐迩的装饰派艺术的地标建筑坐落于上海外滩。拔地77m、由铜皮覆盖的酒店外墙尖顶、产自意大利的白色大理石地板、无价的莱俪（Lalique）水晶玻璃浮雕嵌饰，和平饭店的所在是上海最为著名的地址。著名的Hirsch Bedner Associates（HBA）公司连同一众杰出的设计师、建筑师和历史学家，担负了和平饭店的内部设计，令和平饭店恢复往昔装饰派艺术的荣耀光彩，再一次成为这座精彩国际都市的经典性地标。

修缮后的和平饭店设有270间格调优雅的客房和套房、6座风格各异的餐厅和酒廊，其中包括闻名遐迩的爵士吧、著名的龙凤厅、华懋阁、能够眺望壮丽黄浦江的九楼露台。位于8楼的和平厅是上海最为著名的大宴会厅，枫木弹簧地板上，曾举办过上海最为显赫的宴请和舞会。

汲取二十世纪三十年代的装饰灵感，270间典雅的客房及套房将现代化科技和奢华舒适的住宿设施相结合，为来宾呈现无与伦比的酒店之旅。客房面积从宽敞的45m²起，房间色调柔和，定制装饰艺术品及家具为其一大特色，并配有先进的室内高科技设施，如37英寸立体声等离子电视、浴室朝向的液晶屏幕、蓝光影碟机、无线网络连接和即插即用的宽带网络。客房内的生活设施还包括意利浓咖啡机（illy espresso machines）、400织的埃及棉制被单枕套、米勒·哈里斯（Miller Harris）1888科隆系列的沐浴产品。

与和平饭店原有建筑相连的新建部分，内设拥有通透天棚的游泳池和蔚柳溪水疗（尚未开业）。闻名遐迩的九国特色套房记录了饭店的不朽传奇。位于十层的套房——沙逊总统套房，曾经是饭店原创始人维克多·沙逊爵士（Victor Sassoon）居住过的地方。

来自盎格鲁犹太裔家庭的沙逊爵士在当年的上海滩是一位令人瞩目的资产家和金融大亨，他在当时泥泞而又潮湿的外滩地界打入1600根红杉木和混凝土的地基，在此之上筑起了11层楼的饭店，是当时上海的第一高楼。原先的饭店还拥有上海最早的电梯和一座专属的水利系统——源源不断地将源自外城的涌泉引入饭店内供客人使用。如今，来宾可在饭店内设的和平收藏馆的专员带领下，参观和平饭店，探索这座城市和饭店的厚重历史传奇。

| 1 | 2 |
| 3 | 4 |

1 走道尽头的旋转门上仍镶嵌着漂亮的彩色玻璃
2 垂直于主轴的通道
3 镂花吊灯
4 酒店以八角亭入口所在的东西向通道为主轴，从东西向依次划出了一道道垂直于主轴的纵向通道，东西向的主轴，依旧保留着上世纪初的圆形拱顶和一排古色古香的镂花吊灯

|1| |5|6|
|2|3|4|7|

1 设计师秉承着修旧如旧的原则，对内部结构进行了细致的修复
2 爵士吧的入口处
3 附加了镍而显得颇具韵味的古铜罩在酒店中随处可见，铜罩上雕刻着或直或曲的镂空图案，和通道顶的镂空吊灯相辉映
4 酒店中应用了大量的ART DECO元素，原有的装饰细节丝毫没有被破坏，而是在经过重新修补抛光或艺术处理后，使之更具观赏性
5-7 客房地上铺着米色和蓝色叶片相间的地毯，一改之前的暗沉色调，呈现出一派清新明快的欧式风格

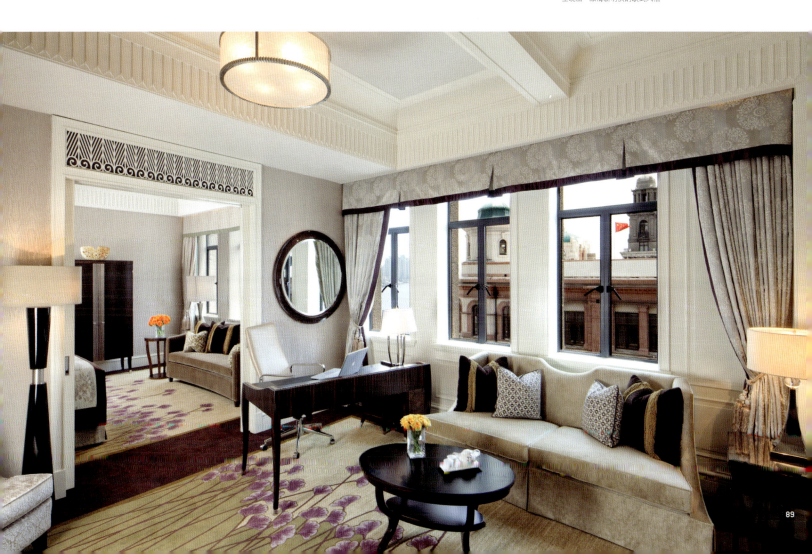

实录

与米开朗基罗相约托斯卡纳
HOTEL VILLA SAN MICHELE FIESOLE ITALY

| 撰　　文 | 常添 |
| 资料提供 | Orient Express |

| 项目名称 | Hotel Villa San Michele |
| 地　　点 | Via Doccia 4, Fiesole, Italy, 50014 |

意大利托斯卡纳的美景有别于西西里岛自然的野性，这里阳光下流溢的是温暖和快乐，自然和恬静，那些非常古老的历史最终汇合成了一种风情，这些异域的浪漫情调变得神秘且迷人。所有来过托斯卡纳的人都很难忘记这里的美景，而圣·米开雷山庄酒店也是难忘的一部分。

这个精品酒店是在15世纪圣方济修道院的基础上改建而成的，外观是由米开朗基罗设计的。从某种角度来说，这里不仅是一个酒店，更是座博物馆，酒店不仅尽览佛罗伦萨景致，更是将15世纪时期遗下的历史遗迹重现眼前。趁着午后暖暖的阳光，傍晚绯红的彩霞，在全景的露台上，悠闲地享用美餐，凝望arno峡谷天堂般的景色，佛罗伦萨各个景点的缩影都将出现在你的视野之内，这些都让你不得不认同，没有什么比这样一个真正的罗马假日更吸引人了。

酒店位于佛罗伦萨郊区的山丘市镇费埃索(Fiesole)里，环绕在托斯卡纳山区清幽的环境中。费埃索是佛罗伦萨内的自治小镇，人口约15000，距离佛罗伦萨古老市中心只有几公里。费埃索群山林立，坐拥佛罗伦萨绚丽景致，是世界著名的旅游胜地。这幢历史意义非凡的建筑在经历了几次易手和二战的摧毁后，最终纳入了东方列车（Orient Express）旗下。

酒店主人对待米开朗基罗遗作的态度是小心翼翼的，对酒店的更新亦不是我们平时意义上大刀阔斧的改建。维修专家以熟练技巧仔细进行整修工程，包括修复别墅的古老壁画、雕塑等艺术珍品，并将狭小而无独立卫生间的客房加以改善，把一些当代设计理念融合于豪华装潢中，呈现出了意大利18、19世纪的历史与文化。

圣·米开雷山庄是个季节性酒店，每到冬季时则会关闭酒店，进行更新。为了满足日益增长的需求，酒店每年都会扩建些客房与公共空间，不过，他们的手法仅仅局限于利用现有的资源改建，而非新建。由于主体建筑原先为修道院，所以建筑之间原本留有许多露天的广场与庭院，如今，这些空间都被覆上了玻璃顶棚，令原本的室外空间变成了餐厅与酒廊等公共空间。

客房的改扩建却更为神奇，除了将一些散落在主体建筑周围的独立房屋改建成套房外，酒店还将原先的山丘打造成坡地建筑，套房从底层的意大利花园逐渐向上延伸，而山顶部则是恒温游泳池。

酒店将其对内部细节的重视同样施用于花园，花园由丰富的景观区域构成，种植了托斯卡纳代表性的柠檬树与玫瑰等，这块草坪很自然地成为了户外餐厅的延伸，也令坡地部分与散落在外的独立套房、主体建筑连接在了一起，成为有机的整体空间。花园中的树木、灌木丛、青翠草地与繁花似锦的花园，在酒店中即可一览无遗。花园的设计是此地天然环境风貌的延伸，并藉由不同主景的步道和栽种不同的植物种类、装点不同的饰物，呈现出了浑然天成的自然和谐。

1-2 酒店坐落于山顶之上，环绕在托斯卡纳山区清幽的环境中，俯瞰佛罗伦萨全景
3 酒店的外观是由米开朗基罗设计的
4 酒店建筑仍保留着文艺复兴时期特色

实 录

1	3
2	4

1 意大利庭院是酒店的设计特色之一，庭院还连接了主体建筑与后来新建的家庭

2 廊道被改造成户外餐厅，这里可以沐浴着阳光，亦可以于傍晚俯瞰佛罗伦萨全景

3 酒店大堂们保留了15世纪建筑的特色，并户进行过小小血仔细地修复

4 小型的聚会餐厅

实 录

1	3
2	4 5 6

1　建筑内部原先的广场与庭院空间被覆上了玻璃，成为餐厅空间
2　酒店内部仍留有许多珍贵的壁画，这些壁画也成为绝好的身份象征
3　米开朗基罗套房
4-6　原先狭小的客房现在都改造得非常宽敞，符合现代化酒店的要求

实录

威尔第的米兰大饭店
GRAND HOTEL ET DE MILAN ITALY

| 撰　　文 | 常添 |
| 资料提供 | 立鼎世酒店集团、米兰大饭店 |

| 项目名称 | 米兰大饭店 |
| 地　　点 | 29, Via Manzoni 20121,Milan,Italy |

欧洲人也喜欢凑热闹！去米兰的很多名人都喜欢入住位于城市中心的米兰大饭店，很多人也以能列入这家酒店的客人名单为荣，因为这标志着他将跻身于瓦格纳、斯特劳斯、威尔第之列，而且这家酒店是意大利的国宝级作曲家朱塞佩·威尔第最衷爱的酒店，他在这里居住了27年，也是在这里去世的。

米兰大饭店位于米兰的市中心位置，与许多优雅的精品店比邻，尤其是离米兰Duomo大教堂以及斯卡拉歌剧院仅有几步之遥。如今，这座始建于1863年的老酒店经过多次翻新后，仍保持着19世纪末期威尔第居住时的原貌。这里有威尔第套房，保持了这位大师居住时的原貌原装，有他的画像，他使用过的桌子，他曾在那上面为奥赛罗和福斯塔夫作曲。

除了威尔第这个卖点外，米兰大旅店仍然是个宏伟的历史酒店，这里有着一百年前贵族生活的优雅，华丽、时尚且放纵，提供了最正宗的19世纪的意大利口味，并被纳入豪华酒店、度假村与水疗中心组织立鼎世酒店集团麾下。

酒店的餐厅Don Carlos虽然略显狭小，但却保持着非常传统的格调，有罩电灯照亮着在著名的米兰斯卡拉大剧院上演的早期歌剧作品的新颖版画和素描，这些作品与米兰的许多博物馆展出的馆藏水准不相上下。

酒店的公共空间变得愈来愈重要，原本紧凑的大堂与餐厅空间显然不能满足酒店的社交需求。于是，在不破坏老建筑的前提下，在建筑物外搭建起了一个玻璃空间——Caruso Fuori餐厅。虽然酒店内部的大部分空间都要求修旧如旧，还原19世纪时的盛景，但因为这里是新的加建部分，所以，设计师在与原来的酒店部分色调以及风格的基调保持统一的基础上，运用了许多现代风格的灯具与桌椅，令整个空间与户外的米兰时尚气息更加契合。

房间亦是米兰大饭店值得称道的部分，这里共有72间客房和23间套房。房间内部装饰仍是走着古典主义路线，充满着迷人氛围，房间内装点着古典家具以及华丽物件，与其历史浑然天成，镶木地板和洗浴间内的意大利大理石更为房间增添了几分高贵气质。除了威尔第套房外，许多套房间仍有着与大把名人相关的故事，房间的装修风格也不尽相同，其中一些房间摆放着真品古董，另外一些房间则充满着现代气息。此外，酒店还拥有颇具摇滚和电子风情的房间。最近进行的酒店翻修将现代元素融入到了某些区域，但丝毫未破坏酒店令人向往的古典本色。

实录

1 外立面
2 无论是地板、桌椅还是雕塑都重现了一百年前华丽的贵族生活
3-4 历史旧照
5 有着壁炉的大堂吧
6-7 加盖出来的玻璃房子餐厅
8 Don Carlos 餐厅虽然空间狭小，却保持着一百年前的传统格调

1-2　酒店内的装饰仍然以19世纪的传统风格为主，有着贵族式的优雅
3　华丽而放纵仍是米兰大饭店的主流基调
4-5　威尔第套房内悬挂着威尔第的画像，保留着威尔第用过的桌子、椅子和沙发等
6-7　每间客房都不相同，古典主义的装饰风格营造出浪漫的气氛

斯塔克与威尼斯的邂逅
PALAZZINA GRASSI VENICE ITALY

| 撰　文 | 常添 |
| 资料提供 | Design Hotels™ |

| 设　计 | 菲利普·斯塔克 |
| 地　点 | San Marco 3247 30124 Venice Italy |

在威尼斯这座以丰富的文化遗产与古老酒店而知名的城市里，设计鬼才菲利普·斯塔克却在距圣斯德望广场咫尺之遥的 Palazzina Grassi 酒店中创造出了浪漫靓丽的黑色背景，将这座16世纪的威尼斯贵族老宅改造成了一座设计酒店，这亦是他在意大利的首个项目。

Palazzina Grassi 的创建者 Emanuele Garosci 原本是个赛车手，他说："威尼斯需要一些新鲜的血液来让人们用新的眼光看这座城市——菲利普·斯塔克正是威尼斯所需要的。Palazzina Grassi 更像是一个私人俱乐部，将酒店和独特的空间结合在一起，使客人能感受到自己像真正的威尼斯人一样。"

斯塔克的概念正是让客人更深切地了解威尼斯，所以在保留了这幢传统建筑的古典轮廓后，亦将标志性的中央廊柱恢复，但抽象的现代设计手法却从这些遗迹中蔓延至酒店的各个角落中。传统的意大利设计手法与复杂的当代设计手法相结合，现代的几何图形与严谨的古典元素同时出现，让这个坐落在威尼斯大运河上的酒店别具一格，亦与威尼斯主岛上其它有着古典优雅的历史性酒店区别开来。

酒店共有 26 间房间与一个专门针对会员的俱乐部和一个高级餐厅。镶桃花心木护壁板的餐厅内有难得一见的穆拉诺玻璃工艺品，手工打造的台灯巧妙地烘托了气氛，餐厅美味的鱿鱼汁利梭多饭也极受富商的欢迎。斯塔克依然在客房设计中延用纯白设计与多重镜面的组合，优越的地理位置也令很多房间都可享受到运河的无敌靓景。

与斯塔克不羁的气质相匹配，这家酒店不仅在设计上与威尼斯的传统酒店已严格区分开来，同时，他的服务也是反传统的。酒店在入口处并未设置显眼的接待区域，而是主打着"量身定做"的服务，客人们可以将他的需求告知工作人员，得到个性化的建议；酒店的早餐也非常特别，客人们可以自由选择吃早餐的地点与时间，可以在房间内，也可以在大台上，当然也可以在餐厅中；酒店方面更会体贴地为每位客人开出一张阅读单、古董欣赏单，甚至在附近的古董收藏家中享受私人晚宴等，完全满足住客扮贵族的意愿。

1 从客房中望去，威尼斯城市的全景、多彩的屋顶尽收眼底，令客人更深刻地感受到了威尼斯

2-3 酒店一层的餐厅空间内仍保留了古老的廊柱，但现代的家具与装饰却令这个黑色的浪漫空间非常现代

|1|3|4|
|2|5|6|

1 镜面的多次反射是斯塔克钟爱的设计手法
2 客房空间内仍使用了大面积玻璃，令空间延伸开来，浅色的金属质感家具也令其非常时尚，并与公共空间的黑色背景区分开来
3 设计师将跳跃的绿色墙面、威尼斯的玻璃灯具以及现代画作这些元素创意地组合起来
4 传统的意大利设计手法与复杂的当代设计手法相结合，让这个坐落在威尼斯大运河上的酒店别具一格。
5-6 餐厅的两个 7m 长的餐桌分别由玻璃与大理石制成

实录

江南悦榕
BANYANTREE HANGZHOU CHINA

撰　文	王粤力
摄　影	胡文杰
地　点	中国杭州紫金港路21号
设　计	Architrave Design and Planning

自滇西北巍峨的玉龙雪山脚畔伊始，世外桃源般的仁安、充满亚热带度假风情的三亚，悦榕庄都以与之融合的方式在当地留下了独特一笔。作为踏足江南的第一站，选址于西溪湿地内的杭州悦榕庄也势必不遗余力地将悦榕文化与"在地"环境结合，带来特色鲜明的独家度假体验。

杭州悦榕庄属于整个"西溪天堂"酒店集群项目的一部分，也最深入西溪湿地内部，与一般酒店平常的外观不同，它将自身化为西溪湿地风景的一部分，掩映在西溪湿地的树木与芦苇间。

作为世界顶级的度假村，悦榕庄最大的特色就是不论在哪里新开酒店，都善于遵照当地最传统的建筑样式，将度假村与当地的自然景色和文化底蕴完美地融合在一起。藏身于植被茂密的原生态环境中的杭州西溪悦榕庄占尽地理优势，悦榕庄集团的设计团队在杭州及其周边地区实地考察半年后，依传统徽派建筑特征为这处西溪度假村定下了基调，让它呈现出一派典雅秀丽的江南景象。

以传统湿地村落为原型，酒店建筑群由大堂、月亮桥、八角亭连成一条对角线，并成为对称中轴，展开一座黛瓦、粉壁的迷你水乡小城。设计注重对建筑与自然的关系的探讨，蜿蜒的水道贯穿其间，一座座独立的院落依水而建，布局巧妙，曲径通幽。为浓墨着彩于对大自然的回归，保持这一方天地的原生态，建造之初，不惜耗费巨大人力物力把原址所有树木移至他处，贴上标签，注记原生地，在完工后全数移回，再根据景观规划增种植物，形成了由葱郁的树木和宁静的湖水簇拥着、处处是景的园林式格局。

白墙黑瓦下，一段伸出的门廊成为迎来送往的过渡空间，中式风情已然扑面而来。设计巧妙地将徽派建筑特征之一，最能反映住宅脸面的门楼应用于室内，以区划功能空间。简化的石质门罩，明确标示出一层空间的三开间格局，中间部分为大堂，左右两个门楼另一侧的则分别是图书馆、大堂吧、餐厅等配套区域。

走进大堂，传统的木梁架结构撑起的"人"字形屋顶，带来挑高十余米的宽敞通透空间。虽然梁柱窗棂都漆成传统的深色，却因空间高阔，不但全无一丝压抑感，反而更显沉稳大气。透过大堂的落地玻璃，可以眺望到中轴线两旁的徽派建筑群，江南水乡的小桥流水近在咫尺。而接待台背后一幅描绘鸟语花香的织锦壁画，恰与这室外真实的自然风景形成对景，相映成趣。

大堂的下层是酒店的SPA区域，设有10间室内护疗阁，提供闻名的悦榕特色SPA服务，同时也配备了美容室、健身房、游泳池及瑜伽室等完善设施。空间设计着眼于为SPA体验创造了一个舒缓放松的环境。入口以透光云石塑出的一片竹林喻意江南的精、气。走过大片灰色墙面，其上不规则分布着一些发光方形孔洞，散发着柔和温暖的光，在做SPA前让心绪趋于坦然平和。护疗阁内传承了典雅的江南风格，淡淡的香薰味弥漫其间。深色实木和天然石材搭配丝绸锦缎装饰，流溢出幽雅静谧的东方水乡之韵。

酒店的客房主要分为套房和别墅套房两种，各36间，均以季节作为主题，不同季节用不同的颜色来诠释，床头巨幅江南手绘丝锦也以不同的表现内容契合房间主题。空间经由一扇扇可以自由移动的镂空木门分隔出客厅、卧室、盥洗室等区域，独具特色。房内的装饰物也处处展现着江南风韵：点缀在红木镂空雕花墙饰中的各色鼻烟壶玲珑诱人；而书案旁的笔架上，垂着大大小小的毛笔，各色的笔杆，从传统的竹笔到翠石彩玉串成的特色笔，支支让人爱不释手；另外酒店还独具匠心地在壁炉旁摆上了棋盘和黑白的围棋子儿、一套简单的功夫茶具以及《白蛇传》《红楼梦》等应景古典小说，让住客领略到江南文化的底蕴。阳台采用徽式建筑中最富意境的"美人靠"形式，将户外景观引入室内，营造出自然的亲水氛围。

沿石板路走进别墅区的过程就像是去探访一户户寻常人家。别墅套房的建筑设计灵感来自于西溪周边的一座庙宇，它让设计师意识到如果采用当地颇显繁复的建筑式样，那么36座建筑的集合将会对环境产生负担。删繁就简的设计颇具有亲和力的民宅之风。一座座独门独户的小院，门口用对联及灯笼迎客，推开铜锁大门，穿过庭院，跃入眼帘的便是挑高4.5 m的室内空间。与套房相比，除了具有更好的私密性及景观，功能方面也更多地考虑了客人的SPA需要，最出彩的就是庭院里的露天按摩池。

酒店中的明式家具、仿古灯具等都是设计团队为此量身打造的。铜钱、莲花、卷云是贯穿全部设计的造型纹样，比如在地毯、灯饰、座椅家具等上多次演绎的铜钱纹样，家具及玻璃门上频现的莲花图案，而卷云的柔美曲线除了成为中餐厅的点题之作外，也是桌、榻等家具最具表现力的基部造型。这些寓意"吉祥"的中式元素都从细节上传递出浓浓的东方韵味，也让空间更具整体感。

1-3　酒店以江南湿地村落为原型，建筑群由大堂、月亮桥和八角亭连成一条对角线

实录

实录

1		4	5
2	3		6
		7	8

1-2 整个酒店其实就是一座黛瓦、粉壁的迷你水乡小镇
3 蜿蜒的水道贯穿度假村中
4-8 酒店客房设计就仿佛是江南水乡的寻常人家，设计师删繁就简，令整个酒店集群返璞归真

107

1	2
	3	4

1　中餐厅的设计沿用了众多传统装饰图案
2-4　SPA入口处以透光云石塑出的一片竹林寓意江南的精、气

外滩美术馆
ROCKBUND ART MUSEUM

撰　文　李威
摄　影　胡文杰

地　点　上海市黄浦区虎丘路20号
面　积　2300m²
设　计　David Chipperfield建筑事务所
设计时间　2007年
动工时间　2009年6月
竣工时间　2010年5月
合作设计　上海章明建筑设计事务所

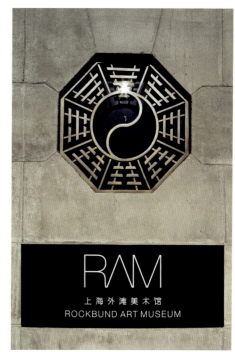

自19世纪以来,随着对外贸易的日渐繁盛,上海逐渐成为远东地区的商业和文化中心。大量欧洲商务金融机构的涌入,也带来了欧式建筑风格在上海的落地开花。当时欧洲盛行的Art Deco建筑装饰风格,混合了东方原色,打造出20世纪早期独具风味的上海城市风貌。特别是在黄浦江西岸的外滩地区,随处点缀着兼具欧洲风情与海派情调的建筑物,位于上圆明园路(今虎丘路)的亚洲文会大楼即是其中之一,从19世纪中期以来这里即是上海的公共文化中心和学术交流中心。

亚洲文会大楼的身世可以上溯到1874年,英国皇家亚洲文会北中国支会募集社会资金,在上圆明园路建成永久性会址,内设图书馆、博物院和演讲厅。其中,博物院也称为"上海博物院",是中国最早成立的博物馆之一,也曾经是远东地区中国标本和文物收藏最富、影响最大、功能最全的社会教育和文化交流机构。1933年,今日所见的亚洲文会大楼在原址重建开放,馆舍条件的改善进一步提升了博物院各项业务活动的水平和机构的社会影响。在其后半个多世纪的时间里,亚洲文会大楼博物院在促进学术研究、推动文化交流、普及科学知识以及丰富市民生活方面贡献卓著,成为当时中国最大的东方学和汉学研究中心,也是上海知名的公共文化教育机构。时间进入21世纪,作为"外滩源"整体规划的一部分,亚洲文会大楼将以外滩美术馆的新貌出现,作为展示推介当代艺术的舞台,重返申城文化圈。

美术馆建筑完成于1932年,由英国建筑师Tug Wilson设计。建筑融合了中西文化的元素,具有典雅而精致的装饰艺术风格。其一层的演讲厅、三层的图书室、四至五层的博物馆陈列厅,均具有不同的建筑特色,同时又与设计的功能完善结合。2007年,著名的英籍建筑设计师戴维·奇普菲尔德(David Chipperfield)受邀担任美术馆建筑改造的设计任务,以尊重和保存建筑的历史遗产为首要考量,重新塑造了其简洁、优雅而功能完善的内部空间,为这一历史建筑注入了现代艺术空间的精神和气质。

改造设计的目的,是力图表达出建筑固有的格调,以及经历岁月涤荡后的风骨。水刷石(Shanghai Plaster)外立面将会在不破坏原貌的前提下进行仔细的清洗。后来加诸于其身的一些变化将会被清除,令建筑物尽可能地回复到原来的状态。

建筑内部装饰延续了原有的Art Deco风格,但更为简洁,富于现代气息。一层为接待大厅,二至五层为展厅,六层为咖啡厅。在空间上,设计师通过一系列大胆的调整,营造出了一个新的格局。二至三层的展厅同一般美术馆展厅一样,较为闭合而宁静,以人造光源调节照明。四至六层被一个新创建出来的中庭连接在一起,顶棚上开了天窗,可以更有效地利用自然光。同时,展示场地也拥有了更大的弹性,可以使不同艺术领域、不同形式、不同体量的展品和概念得以在空间上形成联系或达到兼容。最近展出的著名当代艺术家曾梵志的作品展,即充分利用了这样一种空间特质,将艺术家的创作历程与建筑空间结合起来,一层到五层空间的上升,也是艺术家20年间艺术创作的发展和演变。而艺术家的大型木雕作品悬垂于四到六层的中庭,既可完美容纳展品较大的体量,又令身在不同楼层的参观者都会对这件主打作品产生强烈的视觉冲击效果,并留下深刻印象。

整个美术馆的设计在细节方面也不吝笔墨,例如,楼梯间线条优美,拾阶而上,沿途有视角颇佳的窗,窗景一层一变,可以看到毗邻建筑精致的细部以及不远处的苏州河。六层咖啡厅的窗有着幕布笼罩,外面的景致如在轻烟薄雾下,模糊了一些形状不佳的摩天楼。咖啡厅还带有一个视野开阔的小阳台,曲折的黄浦江、沿岸诸多标志建筑、远近参差的屋顶皆一览无余。可以想见,若在好风晴日的午后,游赏馆内艺术品之后,在此对一片碧空,细啜慢饮一杯咖啡,将是何等惬意。

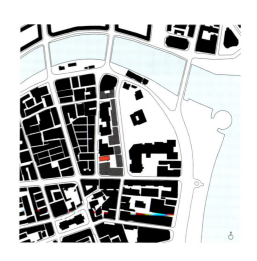

1	2
3	4

1 建筑外观
2 正面局部
3 博物馆LOGO
4 基地平面

1	2	3	5	6
4			7	

1-3 外立面
4 平、立、剖面图
5 立面也成为了博物馆的大型展板和广告牌
6 一层楼梯
7 二层展厅

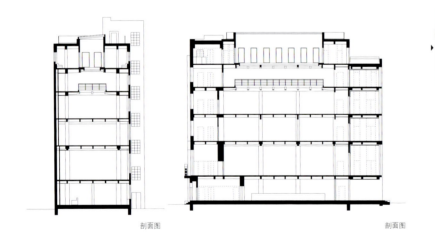

剖面图　　　　　　　　　　　　　剖面图

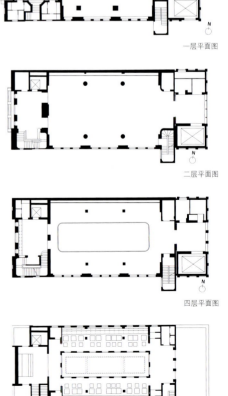

一层平面图

二层平面图

四层平面图

五层平面图

西立面图　东立面图　　　　　　剖面图

实 录

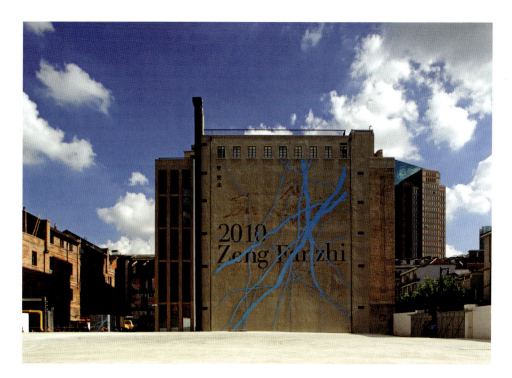

1	2	3
	4	5

1-3 造型简洁优美的楼梯勾勒出富有韵律感的线条
4 四至六层被一个新创建出来的中庭连接在一起，可容纳更丰富的布展形式
5 四层展厅

1	4	6
2 3	5	7

1　五层展厅
2-3　六层咖啡厅
4　咖啡厅阳台
5　咖啡厅的窗有幕布笼罩，外面的景致如在轻烟薄雾中
6-7　从建筑内看建筑立面细部

实录

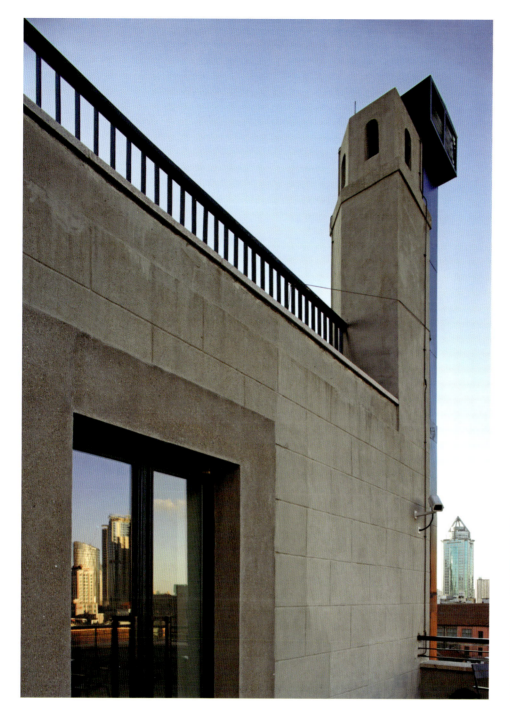

中国湿地博物馆
XIXI WETLAND ART MUSEUM HANGZHOU CHINA

撰　　文	王粤力
摄　　影	胡文杰
资料提供	矶崎新建筑师事务所

地　　点	中国杭州市天目山路与紫金港路路口
建筑设计	矶崎新建筑师事务所
展陈设计	美国嘉莱格设计有限公司

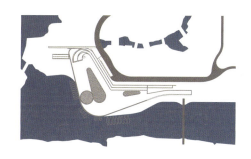

1	2
	3
	4

1 顶部采光的设计成为空间焦点所在
2 此案以山丘为意象
3 入口处
4 基地平面图

西溪被称为"杭州之肾"，作为一个罕见的城中次生湿地，除却充满野趣的桃源美景，更集湿地农耕、湿地文化于一体，中国湿地博物馆就选址于此，在这处汇聚了水和生物灵性的地方，为人们提供一个触摸与解读湿地的科普空间。

建造之初，博物馆的建筑方案通过国际招标选出，日本建筑师矶崎新以"绿丘"胜过西班牙建筑师哈韦尔·皮奥斯的"睡莲"、瑞士建筑师马里奥·博塔的"长廊"等方案，最终得以将图纸变为现实。

早在矶崎新为方案设计首次造访西溪湿地时，他已然发现这里的特别：与其他湿地大多自然形成不同，西溪是通过近千年的人为活动而形成的，它的引人之处更在于美景背后所蕴涵的人文气息。所以他将设计定调为以杭州传统的风格、气质为基础，同时又兼顾杭州将来人文发展的需求，并希望掌握好建筑尺度，使作品既能为这个城市做一些贡献，同时又不破坏这里的自然风光。

果然，在矶崎新以"山丘"为意象的设计方案中，湿地博物馆以极为谦逊的姿态融入西溪湿地的自然环境之中。整个博物馆由游客中心、展示空间、游船码头、电瓶车服务站、观光标志塔组成。其中，博物馆主体部分被设计为覆土建筑，远观几乎察觉不到它的存在，看上去不过是立于水边的一处小山坡。渐渐走近，会发现在山坡的植被间似有若无地露出的白色曲线片段，隐隐地勾勒出整体建筑的轮廓关系。

一如矶崎新以往的作品，博物馆主体建筑也采用简单的几何形体，只是这次被埋入了有机形的"山丘"中，而"山丘"内部通过壳体结构形成的空间即展馆。一排清水混凝土柱形成入口长廊，长廊一侧则布置着叠水园林景观。柱列带来的强烈内在秩序感与类自然元素的结合，营造出由外向内的过渡空间，也是抛却城市繁杂、探寻湿地自然秘密的心情转换空间。

由于顶部的采光井设计，将自然光线引入了室内，步入藏于山体内的展馆一点也不会让人产生压抑感，反而让视觉和心绪在经过了灰色长廊的沉淀之后，有了眼前一亮、豁然开朗的感觉。

整个展馆面积约7800m²，三层在地上，两层在地下，由"序厅"、"湿地与人类厅"、"中国湿地厅"、"西溪湿地厅"及包括科普中心、4D影院在内的其他功能区五个部分组成。敞亮的中庭是设计师展开空间组织的原点，舒展的螺线型坡道连接起一至三层展示空间区域，没有台阶的无障碍设计自然地规划出游客的行动路线，而坡道起伏的线条则为空间增添了流畅的动感。

对光与影的关注，矶崎新一直乐此不疲，这一次他选择了玻璃与混凝土网格的组合来实现诉求。中庭的玻璃拱顶不仅让自然光线充盈着整个空间，也将混凝土网格结构的影子投射在空间内，网格阴影的形状、大小、位置随着时间的变化不断改变，游移于白色墙面上，呈现出丰富的空间表象。当沿着坡道行进，出入于展场与中庭间，那些光与影的转移游嬉似乎让人更容易体会到时间的存在感。

美国嘉莱格设计有限公司完成了能凸显科普功能的展陈设计。布展设计立足本土，辐射世界，运用大量光电声像技术手段展现了丰富的内容。从原理共性到单体特性，从理性的资料图片到感性的亲临体验，震撼的声光电效果，场景的复原、触摸屏游戏、影像资料、体验影院等高科技、多样性展示手段完成了多元化演示平台的塑造，让湿地与人类的主题变得生动而有意趣，游客在参与中了解了世界湿地丰富的种类及概况，即便是成人也能在此感受到久违的童年快乐。

40m的观光塔是设计中的又一亮点，由混凝土柱体撑起的圆盘造型如同一颗从大自然中孕育出的新芽，焕发着勃勃生机，从"绿丘"之上向湿地斜向挑出。乘电梯直达观光塔，可俯瞰西溪湿地全景，将美丽风光尽收眼底。而矶崎新更想借观光塔隐喻对未来的展望，在眺望中学习，让未来与现在发生关系。

实录

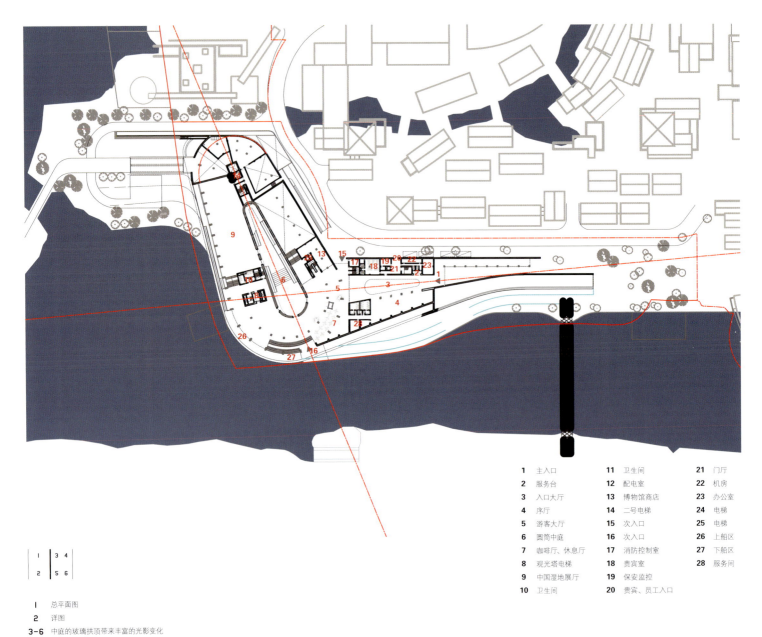

1 主入口	11 卫生间	21 门厅
2 服务台	12 配电室	22 机房
3 入口大厅	13 博物馆商店	23 办公室
4 序厅	14 二号电梯	24 电梯
5 游客大厅	15 次入口	25 电梯
6 圆筒中庭	16 次入口	26 上船区
7 咖啡厅、休息厅	17 消防控制室	27 下船区
8 观光塔电梯	18 贵宾室	28 服务间
9 中国湿地展厅	19 保安监控	
10 卫生间	20 贵宾、员工入口	

| 1 | 3 | 4 |
| 2 | 5 | 6 |

1 总平面图
2 详图
3-6 中庭的玻璃拱顶带来丰富的光影变化

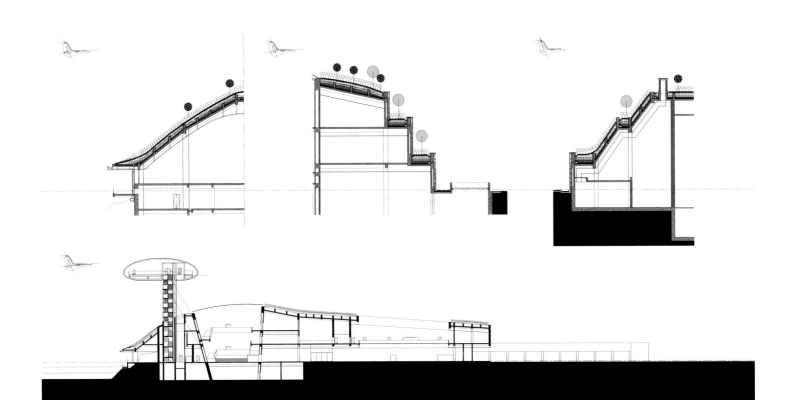

实录

亿品中国工作室
ANAMORPHIC SIMPLICITY: DESIGN OF NEW EPEAN STUDIO

撰　　文	王飞
摄　　影	水雁飞　王飞
地　　点	上海能源中心花园坊
建筑与室内设计	王飞（上海加十建筑）
深化设计	亿品中国
改造前面积	600m²
改造后面积	1400m²
结构设计	张建成
结构类型	钢结构
设计时间	2010年4月
建成时间	2010年8月

1	2 3
	4 5　8
	6 7

1　变形透视的中庭，近大远小被加强了很多倍
2-3　改造前场地状况
4　入口及二层办公区
5　中心公共区域被一片通高水平斜切半透屏风分为互相渗透的动静二区
6-7　等候区及二层连桥
8　设计推敲过程

"亿品中国"为国内知名的展览设计公司，他们希望新的工作室能表现出他们的工作特性与个性，创造出新的办公文化和展览文化。

"亿品中国"的新工作室为花园坊老厂房改建，原有厂房为600m²，净高7.2m，局部10m。工作室的入口已经确定，厂房内各个面的开窗大小和多少各不相同，工作室需要容纳100人左右，各种限制条件使得设计极具挑战性。

室内空间由功能分为三段：入口处因为此边开窗较少而分为两层，层高较高，为3.6m，为封闭办公空间；另外一边开窗较多分为3层，层高2.4m，为开敞的工作室空间；中间为公共空间，一面贯通上下4层的斜墙将人们从入口引入中心的公共空间，起始处宽4m的楼梯往上逐渐变窄为2m，连通二层，二层夹层直到三层。这也达到了变形透视（anamorphosis）的效果，加强了近大远小的趋势，使得空间感觉更深远。虽然一眼望穿，但一旦走入，空间变化无穷，一天之内的光影变化也是无穷的。从三层转180°可达四层的大会议室，空间宽敞，似乎飘在云上。高墙的另一边是休息区。所有的水平板都和外墙留有空隙，使得各处都有自然光，都会呼吸。

简单的空间设计，简洁的材料处理与人们的使用和感知紧密结合，一个独特的动态与静态并置的工作、交流与展览空间就这样创造出来了。

实 录

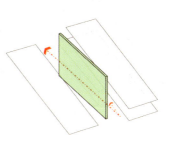

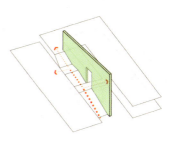

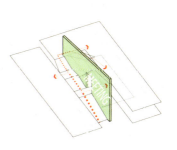

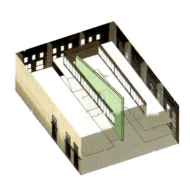

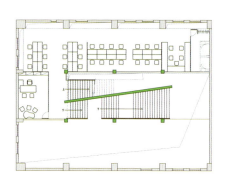
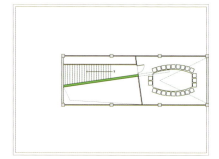

1,4 二层连桥
2 半透屏风墙细部
3 各层平面（自上而下：改造前平面、改造后一层平面、二层平面、二层夹层平面、三层平面、四层平面）
5 四层大会议室
6 大台阶二层处
7 三至四层之间楼梯从2m渐变到1.5m
8 三层开敞办公区

中情演绎

撰　　文	王粤力
摄　　影	潘杰
地　　点	上海世博园中国馆
室内设计	中国美术学院&内建筑设计事务所
室内面积	8000m²

中国馆贵宾厅的功能定位为中国馆的配套接待设施，是贵宾接待和休息区，也是中国馆主题日及相关活动的举行场所，对这样一个空间进行室内设计是一次机遇，也是一种挑战。

如何让贵宾厅的室内空间气质契合中国馆其建筑外观所体现出的中国特色与时代精神，同时也能让空间氛围紧扣"城市，让生活更美好"的世博会主题？如何让这个位于世博会坐标建筑内的窗口性空间充分展示出当代中国的气派、彰显国家品质品位、让来宾感受品质空间文化的新生活体验？伴随着对一个个问题的追问，探索给出命题的解决方案。

在"瞻前、顾后、承接"的设计策略下，设计工作有条不紊地进行着。基于对中国馆建筑的认同和深入理解，在贵宾厅的室内空间中，设计加入了大量中式元素，通过现代的设计手法加以整合、交融，应用当代技术和材料表达对中华文明的智慧传承以及对空间功能的诗意实现。

中国许多城市"九宫格"式的棋盘布局，这一中国传统城市建筑特色在中国馆的建筑设计中有所体现，贵宾厅的室内设计则延续了这一理念，并以此拓展升华。以古老的九宫四方八位中式格局，对顶层8000m²的空间重新定义，按东西南北中五方正位和东南、东北、西南、西北四方偏位形成九宫之势，排布序厅、贵宾室、咖啡厅、国宾室、多功能厅、休息厅、茶庭、贵宾会议室等功能区块。

九宫之中，五方正位对应金、木、水、火、土五行，演绎出五方正色青、黄、赤、黑、白五种色调，而丹青、玄青、赤白和玄白四色则呼应东南、东北、西南、西北四方偏位。不同的色彩搭配玻璃、木、纤维、金属等不同的材料反映出"共生之理"、"自然之道"、"美好家园"、"未来之光"各功能区不同的主题，阐述着"人与自然和谐"、"人与人和谐"、"历史与未来和谐"的世博会核心理念。由此也引发出多样的空间感受，是对城市复杂性与丰富性的又一种亲身体验。

对于贵宾厅室内空间的设计，除了不可磨灭的中国印迹，世博会的举办地上海所具有的地域特色也是与这座城市关联的重要线索。与一国之都北京所具有的厚重历史感不同，地处江南的上海则是西风东渐之地，有着海纳百川的海派文化，因而设计籍由精致的细部处理搭配陈列于空间中的艺术品、装置等作为载体，让这些差异以更令人轻松、愉悦的方式做出直观的感官陈述。肌理墙纸与平滑金属嵌条的对

比组合传递出江南的一份精致细韵，刺绣屏风、青瓷莲花隔断墙、琉璃摆设等都赋予空间灵动的江南气息。

中国馆贵宾厅设计着力体现了兼容并蓄的中国气象，是一次在探求中华文化依据过程中创造视觉冲击力和现代感的全力尝试，寻找到个性与能够成为经典的表达方式的结合点成就了最终设计的独特性。

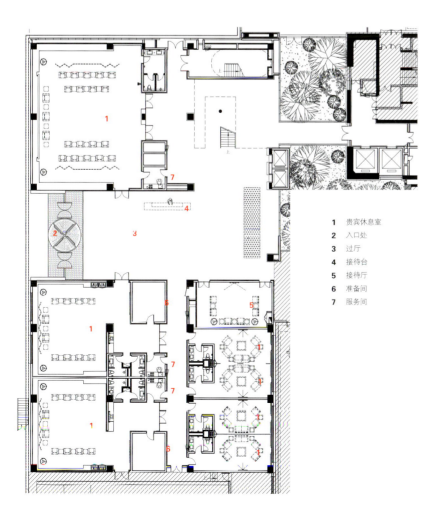

1	2
3	
4	5
	6

1-2 象征江南意象的荷花与莲蓬元素反复出现
3 空间一角
4 三层平面
5-6 充满古风的家具、摆件和壁饰

1 贵宾休息室
2 入口处
3 过厅
4 接待台
5 接待厅
6 准备间
7 服务间

世博

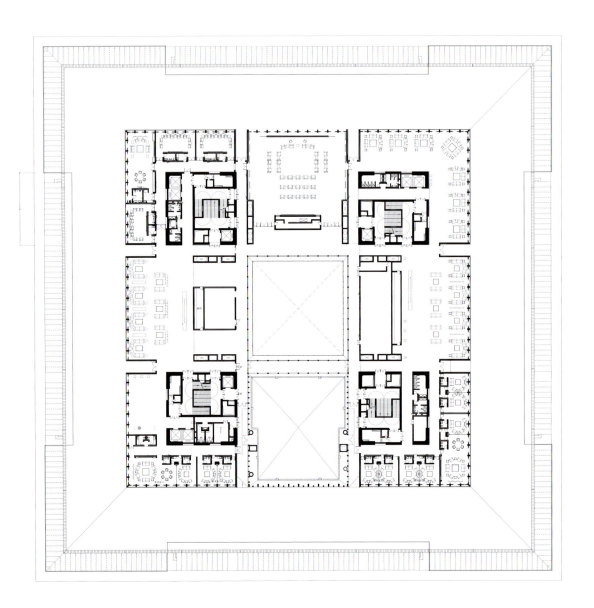

1	2	5	6	7
3			9	
4		8	10	

1-3 刺绣屏风、青瓷莲花隔断墙、琉璃摆设等都赋予空间灵动的江南气息
4 十七层平面
5-10 不同色彩搭配玻璃、木、纤维、金属等不同材料反映出不同主题

世博

上海锦江之星世博店

撰　　文	叶铮
地　　点	上海浦东世博园旁
设计单位	上海泓叶室内设计咨询有限公司
竣工日期	2009年7月

1-2　一个连续延展界面在空间中自由飘舞
3　餐厅
4　平面图

　　本案位于浦东世博园区旁的浦三路与临忻路交界处。为配合上海世博会的到来，该酒店于2009年底开始营业。酒店建筑面积约为9000m²，客房数总计250间，外观十分低调，室内设计功能前卫，颇具巴洛克的意韵。

　　作为体验上海观念的空间场所，该酒店意欲成为极具特色的主题性经济型酒店。强烈的功能体验与文化附加值，同理性的功能判断和酒店管理充分地在此和谐共生。室内设计凭借对专业的深度领悟和酒店管理的熟知，调解了文化品格与低成本经济型管理之间的矛盾对立。世博店成功地回应了这一难题。

　　习惯上，我们仍然将酒店的主要公共功能区域放置在建筑首层。由于建筑空间呈长条型展开，针对该空间的特征，室内设计首先将空间划分为四条空间轴线。四条空间轴线分别呼应四个相对独立的空间领域，且彼此相互通达流畅。在整体布局上互为成角，以构成单体室内空间之间多变穿插的视线，及空间相邻处的斗角关系。这四个空间段落，分别对应着大堂、电梯厅、餐厅和不同功能区域的过渡联系空间。

　　在二次空间规划的基础上，设计采取的最主要概念即是：一个在空间中自由飘舞的连续延展界面——"皮"的空间手法。旨在打破传统设计概念中的天、地、墙之间的分界。追求界面卷片在初始空间中的独立存在价值，以此营造更为整体流畅、时尚开放的形象语言。同时，空间设计将原建筑结构空间统一在深色背景中，彻底弱化其视觉感受。而将舞动的卷片造型充分沐浴在光亮的照射中，用以营造出"一次空间"与"二次空间"的"底图"对话与黑白构成，即光照中的形态与幽暗中的静谧相结合。

　　随着室内设计的进一步深入，如何创造一个优雅的连续界面造型，就在于对整体形态的营造、曲面弧线的控制、旋动起伏的判定、体量比例的推敲等细节问题上。这是空间与造型的关系问题，最终这一切，都将归回到光照的统一中，就如同色调的运用一样。照明设计概念，首先将一次空间的低亮度来包围二次空间的高亮度，其次是将不同的二次空间形成不同的空间照度比，产生出整体空间的起伏节奏。而局部的点光强射又强化了某些空间点的营造关系。在此，照明成了空间气息的抽象统领者。

　　如果说，空间与造型，是建筑身份的形式再现，那么，色调与光照，则是建筑气息与精神的表达。前者是可被解读与知识化的，后者却只能是心灵的直觉感悟。一切的优雅，体现在形与空间的光明中；一切的诗意，体现在光与色调的静谧中。

　　在此，功能与形式、高尚与平俗、理性与激情、时尚与传统、可知与可感共同汇聚成最终的优雅体验。为世博、为上海、为锦江，我们呈现了一场当代的空间秀。

　　（本设计获09年中国室内空间环境艺术设计大赛一等奖） END

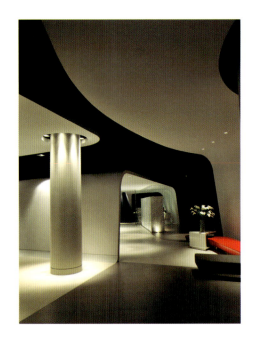

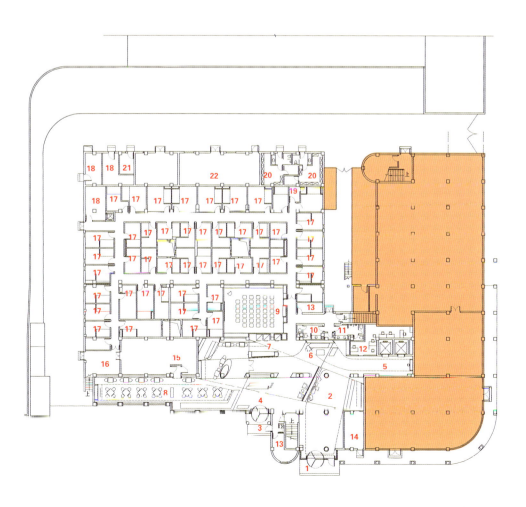

1	锦江之星入口
2	锦江之星大堂
3	百时入口
4	百时大堂
5	电梯厅
6	休息区
7	自动售货区
8	餐厅
9	大会议室
10	女卫生间
11	男卫生间
12	营业、经理
13	行李房
14	消控
15	厨房
16	员工餐厅
17	客房
18	库房
19	服务
20	更衣室
21	财务
22	泵房

1-6 原建筑结构空间统一于深色背景中，舞动的卷片造型充分沐浴在光亮中，营造出"一次空间"与"二次空间"的"底图"对话与黑白构成，"二次空间"内，又营造出不同的空间照度比，产生出整体空间的起伏结构

纪行

马来西亚：
神话之乡的"原始"与"蜕变"

撰　　文	丁方
摄　　影	丁方等
资料提供	爱嘉途旅游

黄金海岸金棕榈度假村

如果你不知道黄金海岸金棕榈度假村，那你已经落伍了。这是五星级的海上生态酒店，位于雪邦州新金三角，距马来国际机场25分钟车程，距吉隆坡市区75分钟。度假村的海滩面临马六甲海峡，呈椰子树形状分布的393间水上别墅，外观设计形似一颗高大挺拔的棕榈，与当地环境非常融洽，已成为旅游新地标。

它移植迪拜棕榈岛的概念，将热带气息理念融入设计。这段西海岸线的伸展部分仍然隐蔽，石头和水仍未被开发。它远离尘嚣，碧海蓝天及无敌海景尽收眼底的海上屋，舒适与豪华的气派，都带着与世隔绝的超脱感。传统式建筑内部以多根梁柱支撑着挑高的屋顶(Alang-Alang roof)，开放式的空间随时与户外的自然风交流。别墅带有浪漫的四柱大床。露天甲板与私人阳台让你慢慢欣赏大海的宁静。

这里的美，糅合自然与创造。湾岬处不是绿色海湾就是白色沙滩，岛上则密生二百万年的热带雨林，装饰大量运用自然的柚木与竹，也是传统马来建筑的特色之一。四周环绕充满异国风情的热带雨林，环顾着清澈海水和沽白的沙滩，一片净土宛如人间仙境。百年古树，许多巨大的树根和丛林创造了一个远离喧闹城市的生活。转了一圈，私家森林的深处，路很窄似乎看不到尽头。前行不远，依稀可见栋栋别致的独立别墅散布在森林之中，通过蜿蜒的林间小径与度假村中心区相连接并拥有自己的一片白色沙滩。

走在布满芬多精的森林小径上，伴随着鸟叫虫鸣，自在寻幽探秘。沙滩细沽、海水湛蓝，这里是隐密的弄潮去处，也是眺望海上落日的绝佳地点，也成为马来西亚皇族及明星最喜爱的度假小岛。

纪行

月之影：马来传统

大马的中央山脉穿过一向被称为"恩典之地"的农村，混合了旧式的英国、马来和中国建筑风格的侧邸。所到之处皆可以观赏到怡人的乡村景色。就这样晃晃悠悠，我们从机场直奔车程一小时，位于瓜拉丁加奴的世外桃源——月之影度假村。

马来盛产这种纯粹的度假式酒店，它与大城市里所有奢华的五星级风格都不同。只有亲身感受，你才能理解。月之影大堂面积比起国内同一档次的商务酒店来说非常的小，用了高高的三角形茅草屋收顶，内部是模仿泰国皇宫而建的，但却能容纳许多人，这里就足够容纳酒店一半的客人就坐。还没等你坐稳，就有热情的侍者端来装有甘蔗汁的竹编水杯，甘甜里多了些醒脑的清爽成分，据说，只有当地人才会调配这种防止中暑的天然味道。酒店其实非常理想，而大堂面积的小气，一方面是为了突出酒店的精致风格，另一方面也是为了留下更多的面积给客人散步。

每间套房都有一个独立的生活区。每一个房间都有独一无二的配景，当然少不了东南亚最受欢迎的吊扇。细心的人会发现，吊扇并不是直接架在木头屋顶下的，而顶棚则用了一层薄薄的亚麻席子，一踏入房间就让人心理上感觉清凉。而且，东南亚房子多少有些潮湿，席子起到了很好的吸收效果。

微风吹来雨后清新雨林的味道，和着愉悦的天然香料，花卉和纯净的泥土味道，以制造最最传统的SPA氛围。马来人的习俗真有点神秘，总让人肃静，但又多了几分花语妖娆。SPA的香料罐子是用当地极为广泛流行的胡桃木制成，淡雅的香味加上擅长雕刻的马来人雕在其上的花纹装饰，拙朴的依次排列着。纱幔轻扬，安静得仿佛罐子才是主角。恬静的气氛和舒缓的步调，以及与世无争的幽静，这真是个宁静的度假天堂。

在池畔阳台俯瞰海滨更是惬意，这里还可以进行烧烤，并且有专门的吸收油烟的装置，绝对不会让你的邻居闻到呛人的味道。优美的景色和着舒缓的轻爵士乐，赶紧来小酌一杯吧。大堂酒廊则位于主大厅的第三层，露天休息室旁。东南亚人也热爱喝酒，可是爱喝的是酒的花样，而绝不豪饮，很多人认为只有朋友来了开心的时候可以小酌一点，因此很多酒店会布置多个小巧精致而容客量并不多的酒廊。

由此可见，无论是怎样有个人风格的设计师来设计东南亚的建筑亦或室内，首先是尊崇当地传统。要想设计出被人津津乐道的空间场所，首先选择去那里生活吧。

多元吉隆坡

成功企业不仅制造优质产品,更可传递企业文化。通过参观博物馆或者集市作坊,是直接了解某地区历史发展的好机会,这是时下流行的"产业观光"。体验制造装饰用品的生产工序、历史,体味马来人通过制造而构筑的感动和共鸣。

马来多产锡矿,马国政府一直保有以锡制的茶叶罐作为国礼馈赠嘉宾的传统。锡矿开采在19世纪末崛起,而锡矿的开发亦促成了吉隆坡的诞生。2003年,皇家雪兰莪在位于吉隆坡文良港的总部与制造工场地段,建设了"当代锡蜡馆"。从市中心前往不堵车的话只需半小时。因为堵车,途中我们见识了亚洲最大的露天停车场。各种式样的车停在那里,不记得车位的人要想找回车很费周折。或许,这也见证了马来文化的"杂处"。

锡蜡馆设计前卫,形象鲜明;外墙以灰色为主调,配落地玻璃和钢材盖成,气派不凡,与马六甲古城完全不同。它于1885年由创始人杨坤成立,由于产品精良于1992年由苏丹赐授"皇家"名街,昔日哥洛士街的小店,默默耕耘终成就了今日世界最大、产量最多的锡蜡品牌。馆内布满资深师傅、员工的手印,并悬挂着马来西亚的传统风筝。

锡蜡是可塑性很高的金属,可以任意锻焊或铸造。经过工匠们浇铸、锉磨、焊接、打磨和雕刻的锡蜡,变成一个个精美细腻、图案生动的茶叶罐、啤酒杯、首饰……名列吉尼斯世界纪录大全的"世界最大锡蜡啤酒杯"迎门,当代锡蜡馆分"锡蜡空间"、"锡蜡工房"和专卖店。锡蜡空间亦分为若干部份,"时空.回旋"展示了皇家雪兰莪始自1885年的岁月历程;"锡蜡.科学"则让访客更深入了解锡蜡这种质材;"锡蜡.触.感"则让访客感受不同锡蜡处理效果的触感,体验锡蜡的多变与美态;"锡蜡.声.音"则让访客倾听轻敲各类锡蜡所发出的独特声响;而在"怀旧.汇演"部份,访客有机会观赏从全球各地搜集得来的古老锡蜡制作工具与锡蜡珍藏品。

地 址:4 Jalan Usahawan 6, Setapak Jaya, Kuala Lumpur. 开放时间:9am 至 5pm 电话:03-41456122

位于郊外的Beryl's Chocolate制造工厂成立于1995年,以出产马来特有的巧克力闻名。入口大门前可爱的母牛相迎,公司的外观是典型的欧式风格,红屋白墙,后院种植着可可亚、榴莲和香草等原料植物。

地 址:No.2,Jalan Raya 7/1, Kawasan Perindustrian Seri Kembangan Seri Kembangan, Selangor Darul Ehsan, Malaysia

电话:603-8943-6136 开放时间:周一至周五 8:30~17:30、周六 8:30~15:30

在这个丰收的季节里,千万不要错过位于市中心的艺术品市场。来到这个市场就知道英文交流一点不管用,这里的很多纺织品至今保留着传统名字,如一种名为巴迪的手印或手画种类,以传统的纺织机用皇家金线纺织而成的布料、天鹅绒刺绣、广受欢迎的袋子、色彩斑斓的席子、帽子、藤球、花别针、项链、腰带扣环、头饰……当地人重视"生命之树"这个主题,从而创造出了琳琅满目的串珠和手提包,项链或手镯。很多人把古董式的珠饰当传家之宝,而黄铜和青铜铸造的工艺也很发达。马来盛产木材,用于装饰自我的物件比比皆是,包括古代马来族镶板雕刻或马来短剑的把手、非比寻常的拐杖和佩带用香木等。

在马来,纱丽服是是社会地位的象征。一块长长的,未经缝纫的布料,以各种款式或折叠法,悬垂在身上。伊斯兰文化带来了较为保守但端庄的哥巴雅服装——长袖上衣搭配搭配剪裁讲究的布裙。而娘惹是马来人和中国贵族通婚所生下的混血儿后裔,所以他们的服装结合了两个民族的设计精髓,高贵的哥巴雅娘惹刺绣服、珍贵的锦缎鞋,以及娘惹的传家珠宝,都能在集市上被掏到。

骑马舞用的藤制马匹、竹筒制乐器和锣的悠扬声传遍整个世界。藤球宛如一个张开的手掌般大小,由竹或者藤编制而成。马来巨型风筝,以其极富创意的外形吸引大家。它长2~3.5m,并用彩色纸非常艺术地装潢带出本地的艺术色彩。最为普遍的形象是弯月形。在吉兰丹,边敲打着吉兰丹大鼓,边放这种风筝曾经是农夫庆祝丰收后的消遣活动。所有所有,都能在集市中被发现。今天的马来是公认的亚洲民俗文化、手工艺"一站式"旅游目的地。

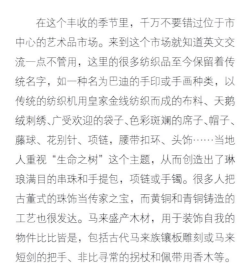

吉隆坡代表建筑一览

世界上目前最高的双子塔是马来西亚石油公司的综合办公大楼，连接的空中走廊是目前世界上最高的过街天桥。大厦全部用不锈钢和玻璃材料建成，设计风格体现了吉隆坡年轻、中庸、现代化的城市个性，突出了标志性景观设计的独特理念。1998年完工共88层，投资20亿马币，高452m，两个独立的塔楼并由裙房相连，独立塔楼外形像两个巨大的玉米。肖恩·康纳利及凯瑟琳·泽塔琼斯主演的《偷天陷阱》里，男女主角就是从这里逃脱。双子塔内有全马最高档的商店，但是价格不贵。

1879年建成的苏丹亚都沙曼大厦是吉隆坡的另一地标建筑。坐落在独立广场对面，是幢摩尔式建筑物，有着闪亮的纯铜圆顶和130m高的钟塔，有点"天方夜谭"的味道。从殖民地政府办公大楼到最高法院，几经变迁。

蓝色屋顶伊斯兰风格的国家天文馆坐落于吉隆坡湖滨公园的山冈之上。馆中设有360°放映太空节目和电影的电影院。地址：Jalan Perdana 电话：+60-3-2273-5484

老清真寺(Masjid Jamek)坐落在鹅麦河(Gombak)与巴生河(Kelang)交汇处，是锡矿开发者在吉隆坡所建第一座寺。白色屋顶乍看像个洋葱头，衬托橙色拱门，使它在众多高楼大厦中与众不同。其巨大的圆顶及尖塔上有着很丰富的回教建筑手工及色彩。

独立广场(Merdeka Square)是马来每年庆祝国庆的地点。广场前身是板球、曲棍球、网球等的球场。全世界最高的旗竿(100m)就耸立在此。

黑风洞：吉隆坡北郊，巨大钟乳石岩洞组成，印度教圣地。地址:Sri Subramaniam Temple, Selayang. 电话：+60-3-6089-6284

中央市场：Jalan Hang Kasturi.

唐人街：Petaling Street

手工艺品博物馆：手工艺中心(Craft Cultural Complex, Jalan Conlay)内，展品包括木材雕刻品、银器、锡器、玻璃制品、陶瓷、草席制品、丝绸巴迪布画、巴迪布服饰及金锦缎等。工艺制品比其他地方价格便宜。

国家美术馆：蒂蒂旺沙(Lake Titiwangsa)湖滨公园旁，建筑别致，由石材、彩色玻璃和金属为原料建造而成。电话：+60 3 4025 4990

国立博物馆：马来传统风格旧建筑。地址：Jalan Damansara 电话：+60-3-2282-6255

玛雅酒店：时尚摩登的酒店中庭直达顶层，没有空调，却与湿润的外部相通，绿树掩映又颇具商务氛围。地址：138 Jalan Ampang, Kuala Lumpur, Malaysia 电话：+60-3-27118866 房间数量：207间

TIPS

风俗：进家门和做礼拜或敬神的地方要脱鞋子，衣着不要露出胳膊和大腿。吃饭用右手。不要用脚指点别人。

货币：林吉特(RM)。银行营业时间为周一到周五10.00am至3:00pm，周六9:30am至11:30am.

电压：220-伏 / 50-赫兹

游客常见病：晒伤和脱水。

语言：官方语言马来语。学校授课基本用英语。中文、北印度语、阿拉伯语和其他方言也有使用。

宗教：伊斯兰教。

电话：国家代码：60；吉隆坡城市代码：3。

常用号码：警察和救护车：999；火警：994 / 999；民防系统（紧急救援）：991；地方查询：103；电话查号服务：102

时间：GMT/UTC +8（马来西亚半岛）

税费/小费：5%至10%。如属非旅游级别，如当地咖啡厅，通常不付小费。

吉隆坡游客中心：3 Jalan Hishamuddin. 电话：03-230-1369.

马来西亚旅游信息中心(MATIC)：109 Jalan Ampang. 电话：03-216-43929. 建造于殖民地时期的建筑。机场和火车站设有MATIC信息服务台。

土产：香料肉骨茶、国家东革阿里、豆蔻膏、咖喱粉、白咖啡、追风油等

线路推荐：丁加奴月之影度假村——吉隆坡市区——布城参观城市广场——雪邦黄金海岸金棕榈度假村。

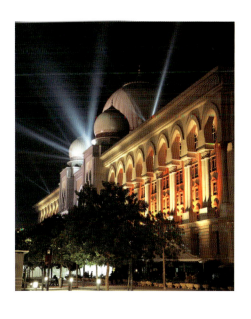

感悟

世博的全民设计培训

撰　文 | 张晓莹

　　奥运是一场全民盛宴，最大的功效就是培养了设计观。所以参观奥运建筑成了一大重要旅游新添热门线路。鸟巢普及大众，原来设计可以这样做。不料两年后黄浦江两边过节似的长出一群奇异建筑，才是真正的全民集体设计培训课。

　　世博会成为了一个美学教育、爱国教育必修课，但是一只美丽的饼子太大，却不好找下口的位置。市面上大概有六七种导赏书，大都雾里看花，让人以为逛世博跟逛人民公园差不离。在我随着一个设计师学术组织参观世博会之前，收到了厚达五页的备忘和通知，除了官方的八条《2010上海世界博览会参观须知》以外，还在另一个活动安排的字里行间温馨提示：除不能携带饮料外，因世博会园区内游人众多，请自行准备午餐、晚餐。幸好我没有在早上六点半带着两盒头天晚上的外卖去排队，园区里的美食多了去了。就是世博的场馆让人眼花缭乱，随时得见茫然不知所措者在寻思着到哪里排队。在成都的城市试验区场馆，一众人马匆匆而来匆匆而去，一摞世博护照盖了个熊猫章掉头就走，还一边在问：刚刚是哪个馆来的？怎么有个功夫熊猫？算了，懒得管他，下面是什么地方？赶紧盖章去。

　　世博会的各国场馆，可以按我的个人角度进行划分。但凡展览，皆分为形式和内容，而内容则分形而上和形而下。稍加排列组合，得出以下分类：

　　一是展示形式玄过展示内容的。发达国家是一定要表达高科技的。高科技，有时会成为形式有时会成为内容，就像中了小额彩票而炫耀，也可能表达为钱开心，也可能说明为运气高兴。众多场馆的高科技，技术往往成为主要手段，主流的环保、绿色、低碳、和平主题羞答答地夹杂在电子技术视频声光之中。比如大热沙特馆的立体电影，澳大利亚馆的旋转屏幕，巴西馆的立方体投影。二是展示形式说明展示内容的。一些国家场馆比较注重宣传自身的文化艺术，并采用了多种形式为其所用，值得慢慢品鉴。比如意大利馆的多种展示方式和设计细节以及设计品牌文化，德国馆的组合展会方式，或者俄罗斯的童年城，青年城未来城。三是展示内容为主且较为形而下的。如丹麦馆的原装美人鱼和海水、法国馆保费30亿元的5幅世界名画。四是展示内容为主且较为形而上的。比如美国馆，由于国家立法不给钱搞这类宣传，国家馆由企业赞助，凑了点内容，干脆主要输出美国价值观：富兰克林精神、克林顿拉来做VCR，其他……将就了。五是形式内容统一的。如英国馆的种子圣殿。其统一度恰如一位刚排队出来的游客所说："上当了，里外都一样，还不如就在外面看呢"，问他看见几万颗种子没有，他说：装在棒棒里，也是一样。冰岛馆，还没有从国家破产的惊魂中解冻，冰立方，展示冰世界。够统一吧。六是卖土特产的。比如非洲联合馆的兄弟……

　　进食问题在世博不算大问题，我又刻意关心了排泄问题，特别是……女厕所。也不知道众多设计师为何都要犯同样的错误，在我所见到的国内外的众多旅游景区公共空间的方便地带，特别讲究男女平等，蹲位平分。问题是男女如厕时间极不对等，自然女厕门前大排长龙。我甚至亲眼目睹梵蒂冈圣彼得广场边上排长队如厕的妇女们一边等待一遍祈祷，估计在世博园这个问题是绕不过去的了。结果恰恰出我所料，在以排队为一大胜景的园区，三类厕所门口都清清爽爽。某个疑是人物的人说过，排泄的场所可以作为文明程度的标杆。从这点上看，我们的世博，不但是设计的，也是相当文明的，绝不亚于上帝之所。 ■END

被抹去的历史

撰　文 | 范文兵

　　昨晚，与到上海出差的老同学约在老锦江饭店见面。大家都在建筑规划专业里做事，不自主地，就聊到了世博和上海现如今热热闹闹的旧城改造。

　　同学去看了新开发的"外滩源"，感慨连连，说起上世纪八九十年代我们读书时，这片地方根本不是如今的模样。当时，有很多不同时期的建筑混杂在一起，现如今整治得"崭崭新"，只保留了一些上世纪二三十年代所谓"上海黄金摩登年代"的建筑。

　　我说，现在的上海旧城改造，似乎将1949年以后相当长一段时间里，上海人生长的空间、建筑、环境完全无视，似乎那是一段"羞于"提起、不好意思见光的历史。一提上海历史，急不可耐向外人展示的，就是那个集体YY想象中所谓"冒险家时代"的这个deco，那个里弄、洋房之类的东西。

　　我们还聊到了大学校园，也已被改造得面目全非。见证我们青春时光的那些建筑与空间，似乎也被一笔抹去了。取而代之的，是各种时髦、新鲜的"优质设计"，我以为实在是有些over design了。

　　我周围一些年纪跟我差不多大的"土生土长"的上海朋友，其实，很多是在老式公房、新村小区里长大的。他们从小到大日日看到的平顶公寓，他们父母工作过的厂房、车间、办公楼，在今天的改造中，似乎都被无视，似乎都不曾在上海真正存在过。

　　聊着聊着，忽然发现，自己对这座生活时间已超过自身年龄三分之二的城市有了很多感情。我想，很多领导、提倡改造的人，其实都是从文字、政策层面指挥这座城市的，是从专业、理念层面阅读这座城市的，而不是从真实生活、血肉层面，爱上、体恤、细致入微地感受这座城市的复杂脉动。再加上各方面只可意会不可言传的种种"禁忌"与"姿态"，这段历史，看来，注定是要被"抹去"的。

　　但我还是坚持以为，每段历史，无论它被今天的人们如何谈论，都应有资格在城市中占有一席之地。不是只有那些"历史保护建筑"、"优质设计"才有权占据我们的空间、我们的城市。我们的日常生活，是在时间的连续流动中延续、渐变着的，是在"非好非坏"的普通环境中发生、发展的，而绝非好莱坞大片，靠蒙太奇剪辑组合，节奏强烈、精选堆积，超越现实，迈向狂想。 ■END

万神殿的孔洞

撰　文　｜　瞿丹

　　罗马的万神殿一向为世代建筑师所膜拜，从布鲁乃莱斯基到柯布与康，莫不为之震撼并从中汲取灵感。模仿它的后作无数，往往也是名家杰作，远有布鲁乃莱斯基在佛罗伦萨圣母之花大教堂和米开朗基罗在罗马圣彼得大教堂的圆顶结构，近有泰森瑙（Heinrich Tessenow）改造辛克尔的柏林新岗哨（Neue Wache）与柯布在拉图莱特修道院教堂的采光。

　　万神殿之撼人，主要缘于天顶上的圆孔，不仅其光影效果令整体空间全然一统，令人油生神在的崇敬，且时间由此被引入建筑，光斑随一日间的不同时辰投射于不同位点，本身就是一个日晷。虽然混凝土拱顶和顶端采光的构思在古罗马的建筑史上都有明确无误的先例，从庞贝公共澡堂的冷水浴室，到尼禄"金宫"（Domus Aurea）的八角屋，已完成了结构与采光的探索与铺垫，但这些前例从未到过如此宏大的尺度，也就不具备如此撼人的力量。

　　现代技术提供的构建大跨度建筑的可能性已远过于古代的混凝土，于是20世纪以后对万神殿的学习，往往集中于光影效果。只是透过顶端孔洞进入内部空间的，并不仅仅是光——哪怕是伟大的现代建筑，神圣感也在消弱——我想说的并非神死了这样宏大的论题，而是更简单点的：万神殿中，随着光线进入的，还有更渗入肌肤的内外交流，那是一个真的洞，不仅光能通过，雨水与气息也能，那是从天而降的恩赐或惩戒，人均须坦然接受，无以讨价还价。

　　然而我们时代对内与外、对人与环境的关系的理解与感受已经变了。拉图莱特修院或朗乡教堂的祈祷堂上方也有神赐般的天光，但是洞外遮了玻璃，光是独立于风雨尘沙这些自然界的其他成分而被我们选择性接受的，我们可以趋利避害。

　　密斯敏锐地意识到，玻璃改变了我们对内与外的理解。然而当他试图用整片的玻璃墙打破内外界限时，他打破的只是视觉界限，站在他的室内，我们终究是"恍若"置身室外，但在意识的底层，是一种安全感，同时也是一种隔离，我们知道自己是不受风吹雨打威胁的。而房子倘若漏水，那倒是不可容忍的。

　　而在古代建筑那里，即便我们身处如此封闭的建筑如万神殿，仍好像与外界相通，因为风雨的确会直接打过来。我记得某一次就是在雨天进入万神殿，虽不至于要打伞，但脚底下在流水。而古代其他建筑，从公用的到民居，它们的窗户也都是货真价实的洞，哪怕晚上能挡上木板或厚帘子，白天要通光的时候也是连风雨气味一同接纳的（罗马人虽然会造玻璃窗，却没造出大片平整透明的玻璃窗，也许是造价之故）。光不是独立的，光只是自然的一只手臂，古人做不到只截断那一只手臂。

　　我记得自己被柏林新岗哨打动的那个瞬间。那是个冬日黯淡的中午，我在菩提树大道上溜达，无意间走入它敞开的门。上个世纪30年代初，泰森瑙将辛克尔的原作改造，在屋顶正中开了一个圆孔，作为一战殉难者的纪念馆。这是万神殿在北方更严峻的翻版，规模小了很多，空间由圆变方，并剥离了一切装饰，只在中心放了一尊低矮的雕塑，一个母亲怀抱死去的儿子，是凯绥·柯勒惠支（Kathe Kollwitz）的作品。我进来过很多次，但这一天、这一眼却最难忘——母亲弯驼的背上，盖着厚厚的雪！

　　那里有着某种实在！我无法说清那实在的究竟是什么，但我知道我们在渐渐远离它。这在泰森瑙那里尚有残留，到我们的时代已不复存。当我们趋利避害的时候，也许避开的也不仅仅是害，也包括某种实在。

不坏的冠冕

撰　文　｜　金秋野

　　每个人都明白凡事都要适可而止，可是实际操作起来就满不是那么回事了。在建筑设计这一行里，我们常常发现有些房子在风格上已落后于时代，感官上却也还差强人意；而很多貌似相当时髦的房子，却不能不令人心生厌倦，这是怎么一回事呢？在我看来，多少跟美学上的无节制有相当的关联。如今是一个缺乏自我标准的年代，我们几乎全盘地接受一整套外来的建筑法则——从结构到美学，而模仿总是容易走样；假如模仿能超越原作，那这种模仿里面就一定带有原创的要素了。在这个问题上，我们不能跟在人家后面亦步亦趋地求答案，答案其实是现成的。

　　孔子在称赞《关雎》的高妙时用"乐而不淫、哀而不伤"来概括。所谓"淫"，原意正是泛滥无节制。几千年来，我们的古人都是本着"节制"的原则来对待艺术的，可是，越往近代发展，人们越缺乏节制，而艺术越流于浮泛（可以参看书法或绘画的历史）。这是为什么呢？当一种模式成为成熟的法则的时候，大家往往主动跟随，虽然努力有所突破，但受限于整体坚固的框架，很难找到全新的道路。因此，即便是创新也只是在锦上添花而已，结果体系日趋精致复杂，变得琐碎而不整体。这种整体的特征，恰恰是大的变革期文艺作品留给人的第一印象。当人们不知道如何把事情做得更好，就会把它做得更大、更多、更复杂。

　　第一流的大师所营造的美学世界都是复杂而多样的，但这并不意味着缺乏节制。他们的传人却正相反，每个人都沿袭了大师的一个侧面，却把它精致复杂化到失去原来的意味。于是，SOM和西萨·佩里有密斯的节约而无其崇高，迈耶有勒·柯布西耶的精妙而无其质朴。在模仿极少主义的人中，"过少"反而成了一种缺乏节制的表现。

　　节制是一种境界而不是一种风格，不能通过模仿而得来。我们的建筑设计中缺乏这种东西，不是因为我们缺乏控制能力，而是因为我们缺乏灵气，所以不知道如何在新的模式中表达自己，只能重复别人成熟的手段。重复并尝试突破，多数时候陷入过度修饰的泥潭。于是，大量的建筑集中了过多的符号和手法（当然不是出于后现代或手法主义那种主动的追求），演变为等而下之的文化折衷。更多的建筑追求与功能不相称的大尺度，希望用提高音量的方法引起注意。有些建筑很好地杜绝了风格的滥用，却不免陷入装饰的堆砌中。

　　历史的看，当代设计是过于"别致"了，超级丰富的空间带来了过多的愉悦感，却远离了建筑的本意。在柯布西耶的晚期建筑中，往往裸露素混凝土表面的模板痕迹，这是一种天然的创造，在"粗野"、"凝重"的效果之下，表达了一种无穷尽的美学品质，象征着一个时代的光荣与梦想，并与人们的内心达成神秘的共鸣。如今，我们正失去这种品质。不知这是时代的问题，还是人心的问题。

　　英国心理学家埃利斯（Havelock Ellis）排斥宗教的禁欲主义，但认为禁欲也是人性之一。欢乐与节制二者并存，相辅相成。适当的节制，不但不会丧失欢乐，反而能增进欢乐的程度。如今，人们有太多的机会去表达，大家都在人造的物质环境中驱逐压抑、攫取快乐，什么都不肯放弃。建筑师们一面宣泄着灵感受限的苦衷，一面肆无忌惮地表达自我，在急剧变迁的美学浪潮中搏出。这是一场关于名望和收益的世俗战争，风格像密集的子弹一样呼啸而过，人人都想成为强者，对美学疆域的开拓无所不用其极。可是，别忘了《新约·哥林多前书》的话，"凡较力争胜的，诸事都有节制。他们不过是要得能坏的冠冕。我们却是要得不能坏的冠冕。"

感悟

张斌

1992年和1995年分别获得同济大学建筑与城市规划学院的建筑学学士和硕士学位，1995~2002年任教于同济大学建筑与城市规划学院，1999~2000年期间入选中法文化交流项目赴法国巴黎Paris-Villemin建筑学院进修，并在Architecture Studio事务所担任访问建筑师，2002年创立致正建筑工作室并担任主持建筑师，2004年起受邀出任同济大学建筑与城市规划学院的客座评委。

2004年至今致正建筑工作室已获得多项重要奖励，包括2004年WA中国建筑奖、2006年第四届和2008年第五届中国建筑学会建筑创作奖、2006年第六届中国建筑学会青年建筑师奖、2006年第一届上海市建筑学会建筑创作奖、2008年美国《商业周刊》/《建筑实录》中国建筑奖最佳公共建筑和2009年教育部优秀勘查设计一等奖等。

张斌：出于物象，入于世情

撰文｜李威
摄影｜Janus

前些时，张斌设计的青浦练塘镇政府办公楼曾是我们编辑部里的热议话题。之所以热，原因有二：其一，单就建筑而言，近年来中国乡镇的政府办公楼崇尚豪华气派，追求欧式或现代造型之风愈加盛行，甚至有照搬白宫之例，在这样一片风潮中，不失现代建筑简洁外形而又内蕴浓郁江南传统民居气质、以谦和的姿态生长于村落农田间的练塘镇政府办公楼，实在令人耳目一新。其二，就建筑师本身而言，独立实践之初即以同济大学建筑与城市规划学院C楼以及同济大学中法中心令得圈内外瞩目的张斌，在我们的印象中是一位关注物质材料、细部、构造逻辑的设计师，而在练塘镇政府办公楼这个项目中，我们却看到了物性的淡去和风土人情的舒张。

对此，张斌如是说："造房子真的会改变一个人。古今中外，建筑师面临的共同问题，都是怎么把想法变为现实，同时与社会发生联系。没有和现实发生关系，只在书斋里纸上谈兵，或者只是去看建筑，都没法成为真正的建筑师。可能在实施的过程中会放弃很多原有的构想和观点，但这种经历让我能够想透问题。看着一个房子由想法变成现实，慢慢盖出来，再看人们怎么去用它，房子怎么随着岁月流逝慢慢变化，甚至先于建筑师老去消失，这些事情都会改变人。看着变化的过程，我就会意识到当初是怎么想的，现在变成了什么样子，就会明白什么东西是重要的，什么东西没那么重要。同时，我也会慢慢了解自己，了解自己所沉浸其中的文化，了解自己以前不够关注的东西。于是我会开始不满足，开始觉得以前执着的那种从物到物的思路只是建筑的一个侧面，而且也不是自己的作品真正能让自己和他人感动的核心，希望找到一个更有支撑力的基点，也许就是一种从人到物再到人的思路。"

造房子这件事，在使得张斌的内在世界渐渐成长变化的同时，也成为了他介入社会的媒介。建筑对张斌而言并非仅止于一种个人化的创造，更是他与社会现实之间发生关联互动的渠道。对于建筑如何对社会现实发生影响，建筑师应承担怎样的社会责任，张斌既不赞成理想主义的建筑万能论，也不主张虚无主义的游戏态度。他认为，中国的建筑在某种程度上可以说是社会矛盾的集

中体，是各方面利益和价值观博弈结果的展现。在欧美已经破产了的"建筑改造社会"论，在中国语境下似乎可以有不同的诠释。中国社会公众参与度不高，建筑空间在某些情况下确实具有很强的社会影响力，但如果试图通过建筑操纵这种影响力，最后却会发现无处着力，那种力量是被架空的。即便偶尔有可能操控这种力量，究竟如何运用却是存乎使用者一念之间，用得不好对社会并不一定有帮助。"我觉得应该找一个平衡点。中国建筑师所处的环境不是均质的，既不必迷信建筑万能，守住底线，起码不为虎作伥；也要不失进取心，在适当条件下抱有一定的企图心和抱负心，努力介入社会。所谓达则兼济天下，穷则独善其身。要有两手准备，保持儒家的入世，可能会经常遇到挫折，所以还要有道家的逍遥，在尽一切可能之后，至少可以退出、旁观。"

基于此，张斌选择了踏踏实实做好每一个项目。与业主、施工方百般周旋，用更合理的方法实现他们的期望，同时"夹带"着表达一点自己对好建筑的理解。他们还会在力所能及的范围内尽量与使用者沟通，"哪怕接触不到这些使用者，我们还是有可能通过自己的积累和对社会关系的认识，以建筑为媒介与使用者对话，使其回归一种日常的状态。"

做建筑之外，张斌也会和几位同道中人一起，组织和参与一些小范围的非正式讨论，合作共享一些项目。他认为，中国的当代建筑缺乏传统，一是和真正的历史传统还没有建立一个密切的关系，另外其自身都也没有形成传统，其间数次中断，从1990年代重新开始兴盛到现在其实只有二十年不到历史。而比照日本现代建筑来看，其传承非常明确，线索特别清晰，下一代都在理解、尊重前辈的前提下力图超越前辈。有这样七八十年、五六代人以上的传承，连续不断的思考、讨论、总结，才有了日本建筑当今的辉煌成果。现在日本建筑理论界已经有人在推介1970年代末、1980年代初出生的那一代年轻建筑师当中的新秀，而在中国的市场环境和建筑氛围下，那一代的年轻建筑师却还看不到冒出头来的希望。虽然建设速度飞快，可是该花的时间其实是省不掉的，三代人的思考不能一代人完成。因此，各种正式或非正式的讨论与合作是必须的。需要形成多个可以共享、交流、探讨的团体，团队成员有共享的价值，也有各自的特点，通过不断的讨论、展示、做项目，让某些共同话题或价值观用多样的方式呈现出来，使其可以再往下发展延续。

对于中国建筑面临的困境，张斌态度平静。"建筑这个圈子还是比较封闭，与社会的互动比较少。而建筑圈中独立事务所和大院又各自为政，从市场到讨论都是截然分开的，共享的余地很少。我们可以共通的，只有形式。独立事务所圈子里的建构、本土化之类思考所产生的形式，也会很快出现在大院和大型公司的图纸上，但没有经过讨论、批判或价值分享，只是被消费。这些都是不很乐观的方面，而且很难看到改变的可能。也许只有到没什么房子造的时候，才会改变。我想也没什么好悲观或是乐观的，想清楚就好。毕竟，我们就外在这个百年甚至千年一遇的巨变的时代关口上，见证了风起云涌的历史，也获得了很多难得的机会，不要浪费就好。"

场外

张斌的一天

撰　文｜李威
摄　影｜Janus

2010年8月20日 星期五
天气　晴

8：10

延续了前一天的晴好天气，今日仍是碧空如洗。与张斌碰头后，难得欣赏早晨七点钟的太阳的小编不免推崇了一下他的勤勉，结果他坦承自己其实也是"睡到自然醒"原则的忠实拥趸，而且醒了还要游个小泳才去事务所，今天也是与业主约了在安亭开会，不得已而为之……

8：55

到达安亭镇政府。今天的会议主要是讨论安亭镇文体活动中心项目后期相关的一些事宜。约定的时间是9点钟，十分钟内，镇政府的项目相关负责人和联系人也都陆续到齐了。项目基本进入收尾阶段了，业主与张斌相处得不错，大事小情也愿意找他商量。像是今天重点要讨论的就是活动中心内一个展厅的布展，按说不在张斌的服务范围内，业主也还是希望听听他的意见，找他"把把关"。

寒暄几句，众人先是说起了幕布的颜色。业主想要用红色，觉得比较喜庆，领导开会时背景颜色用红色也更合适；而张斌则考虑到场地基调与红色不搭，主张用灰色或深蓝色等稳重的色调。两边把想法一说，张斌颇为中庸地支了一招：做两道幕布，一红一蓝，不同场合用不同颜色，皆大欢喜。

9：15

定了幕布颜色，展览公司的人开始汇报布展设计。几张PPT放出来，张斌的眉头也皱起来。原来这个展厅的空间不大，室内通透，采光极佳，以白色为基调，且室内层高不同，一侧较高，在张斌的构想中，这是一个"白盒子"的概念。展览公司的方案几乎没有考虑到空间的情况，将通透的空间做出了许多隔断，却没有顾及层高的因素；用了各色花哨的材料，基本都是需要放在暗背景上的，于是展厅不得不做成一个"黑盒子"。

看得出，张斌对这种布展方案颇不以为然，但他发表意见时却并不直接否定对方，先是点出了对方的"黑盒子"面临窘境，虽然透光的门窗可以被遮挡起来，但是同样浅色调的顶棚和地板却仍会令"黑盒子"难以完整而显得不伦不类；接着才点明布展设计与展厅空间原本的通透效果不相衬，流线安排亦与空间格局不协调，浪费了原来的空间特质；然后又简单提了几句现在的布展方式背景过于喧嚣，压过了展览内容，花哨的展陈更像是专题临时展，与展厅常设展示安亭镇历史的需求相左等等；最后又中肯地说明这种尴尬的局面也是空间设计和展示设计没能及时沟通造成的，而沟通不畅也有多方面原因，现在本着尽力做好的原则，建议要么根据空间高低错落、自然光强等特点，从"白盒子"出发修改布展设计；若觉得"黑盒子"更合适，索性费些工夫连顶棚地板都改掉，但也要做得简洁些，不要太过繁琐。一番侃侃而谈，展览公司的代表已是没什么好讲。而最终要怎样处理，则需上报能拍板的领导才能做出决定。

看张斌一番话下来，既清楚表明了自己的

观点态度，也没太扫别人的面子；是非曲直分析得面面俱到，话语强势却又充分尊重对方的选择，很有技巧。小编请他分享与人沟通的艺术，张斌笑言自己也不总是这样"好好说话"的，只是不管讲理还是吵架骂人，先要考虑场合。当然有时候也会纯粹发泄愤怒，至少吵出来，让弊端暴露出来，对方如果坚持视而不见也没办法。其实与人沟通，除了性格上先天的因素之外，在实践中揣摩，积累经验实是不二法门。他读书时也是个相对内向的人，后来留校工作，之后专心于建筑实践，都是没什么筹备期，立刻就要独当一面的，很多东西必须要面对、要承担，于是不得不强迫自己快速成长。

10：20

散了会去工地，文体中心离镇政府不远，差不多快竣工了，只剩些室内装修还在进行。与施工方的人打声招呼，张斌就忙不迭端起相机一通拍，多少有点专业摄影师的架势，据说水平也确实不错。

文体中心体量不是很大，一半是文化中心，一半是体育场馆。因为周边邻河，建筑也不很密集，在今天这样的碧空艳阳下，在一些回廊和有着落地窗的房间里，便觉视野开阔，心旷神怡。上上下下转了一圈，张斌发现了几处做错的细节，立刻对施工方和业主方联系人严正抗议。出来后，张斌说其实也不能全怪施工方，很多问题是多种复杂原因造成的结果。这个项目的完成度已经超出张斌他们的预期，这也是设计师、业主、施工方都比较配合的结果。

"我们只能尽力而为，但总要打折扣的。有时候施工方就是不肯改，我说返工的费用我来出，对方实在不好意思了，这才改。也有不管你怎么说就是不改的，那我们也无计可施，最多吵一架。建筑师房子造多了，人也会变，坚持点也会变，不会那么偏执，毕竟最后是给人家用的。其实在国内做建筑设计还是比较简单的，因为业主往往不是最终使用者，要求就比较简单。但我觉得这样并不好。虽然会面临更多、更繁琐的要求，我还是希望能为使用者服务。现在中国建筑有一个很大的问题，就是回不到日常状态，造出来的房子只有表象，没有内容。所谓没内容，也不单指物质内容，往往是缺乏人的内容。因为其出发点就是做一个只有一层皮的房子，这个空间没有任何意义，因为没有人的活动。甲方往往只要求一个物质的躯壳、一个利益的载体，做出来，占有了这块地就可以了，这往往让建筑师很挫折。建筑就被异化了。真正的建筑师始终不会太满足于做一个跟使用者无关的房子，这样我们会特别心虚。我们说要研究场地，说到底是要厘清场

地上人的生活、人群结合的关系，要读出来的是这个环境中人的气息。如果能回到生活，让建筑回归日常，可能会更有意义。如果我们造出来的房子真的跟场地有关、跟日常生活有关、跟人群有关，它自然就会有尊严、有活力、有样子。"

12：30

在工地附近简单吃了个工作餐，张斌还充分利用这点时间打了N个电话。

因为文体中心也是政府项目，不免又谈及张斌新近完成的青浦练塘镇政府办公楼。这是一个调和了各方面期望值之间差异的产物，更高级主管部门和设计方希望做出配合场地江南小镇气质的建筑，而作为使用者的镇政府则想要一个更具有他们所谓"现代感"的房子。

"我们的做法可以说是新瓶装旧酒：房子是新房子，不是传统式样，但旧酒装的是传统的庭院的组织方式，庭院总归是不会有人反对的；也可以说是旧瓶装新酒：旧瓶是江南传统民居的气韵，新酒是我们还没有把它完全做成民居的形式。我们对镇政府的要求有所回应，同时也藏进了自己的东西。有点遗憾的是最终没有完全达到我的期望值，对方的配合度不高，因为我们是上级指派给他们的，对他们来说就比较没信任感，不像安亭文体中心，业主会很积极地和我商量各种问题。建筑说到底还是一个沟通的行业，想让概念得以实施得去沟通，让人家有信心。建筑师在某种程度上都得是政治家，得懂社会运作的关系、人和人之间怎么达成妥协，以及资源如何组织配置等等。"

13：20

回到张斌的工作室。工作室所在的楼与虹口公园仅一墙之隔，窗外绿意盎然，平时午饭后张斌和助手们都喜欢到虹口公园走两圈。工作室规模不大，除了两位主持人张斌、周蔚，固定助手有7位，此外还有几个变动岗位和实习生。日常管理比较松散，考勤不是非常严格，每周交工作表算工时，超过部分算加班。近一两年项目多，加班时间也多起来，但跟大院比还不算很严重。

张斌说："我们这里没什么中层，事情都习惯于自己管，也不想找一个管理人员来改变现有工作室结构，寄希望于有合适的助手成长起来还需要时间，所以现在我还是被束缚在很多事务性工作里。我比较希望每天只上半天班，上午可以随便做点什么建筑之外的事情。"

15:30

张斌在同济带的研究生有正在工作室的，张斌和他们以及其他助手一起开会讨论了正在进行的一些事务和项目。一些非生产性的、偏研究性质的工作，张斌会带着研究生一起参与。而研究生也可以把这些工作和论文结合，积累些资料和经验。张斌带的研究生不多，因为很难找到符合他期望的学生。"我对学生本科基础要求比较高，研究生阶段不是用来学本科的那种课程式设计的，而是造就一种思路的。我希望碰到的，是那种很早就具有自觉性的学生，有清楚的自我认知，明白自己缺什么，这两年半想做什么，而且可以跟我讲清楚。我们的教育很难培养出这样的学生，五年下来，有些人特别迷茫，有些人很实际、很功利。"

说到建筑教育，建筑教育的改革也算是个常提常新的话题了。曾有多年职业教师经验的张斌现在偶尔也会在一些建筑院校开讲座，还经常参与一些院校的评图，他对于建筑教育改革的前景并不看好。"教学整个环节的控制缺乏反省和检讨，教案没有全面的反省，也就难有彻底的改变。改革是要拥有足够的行政资源的，中国高校里做任何事都要行政权力许可，但一旦得到了行政权力，还要对上负责，还是身不由己。"

16:30

开好会，张斌拖着把椅子，到每个助手座位旁边进行个别指导，有时说着说着还会叫其他人过来一起参详。平常做项目主要是两位主持设计师定方向，助手们再去深化。张斌说他们会注意多给助手一些成长的空间和机会，但总体要求也比较高，所以助手们也觉得有一定压力。

17:30

一天的主要工作基本告一段落，也就是再处理些琐事。张斌说平时一般七点左右回家，回家看书之类，也尽量不想工作的事情。这种状态在小编看来算相当轻松了，上班前游游泳，饭后散散步，不晚归不应酬，也不开夜车加班，显然不是当前中国大多数建筑师的正常工作状态。张斌却是一副想得开的样子，"我们没有项目量的需求，项目多一个少一个不要紧，做得多也不见得有几个真让自己满意的。要指望做设计赚大钱也不切实际，其实做设计最好的状态是不要靠设计吃饭，中国的设计师能做到的不多。不如看开点，再做五六年，到五十岁也许就退休了，或者再去专心教书，到那时适合我们的市场可能也收缩得差不多了。主流的商业市场我们不想进也进不去，那种操作方式也不适合我们。随遇而安吧。" END

事件

第十二届威尼斯建筑双年展
12TH VENICE ARCHITECTURE BIENNALE

撰　文｜徐明怡
摄　影｜常睿

　　因为金泽21世纪美术馆，妹岛和世获得了2004年威尼斯建筑双年展的金狮奖。今年，她又再度回归威尼斯，成为本届威尼斯建筑双年展的总策展人。她是第一位日本籍策展人，也是该展历史上的第一位女性策展人。

　　威尼斯建筑双年展一直是建筑界的指向标，2004年以"蜕变"的主题呈现当代建筑的历史观，2006年的"超越城市"希望解决城市发展规划方面的焦点议题，2008年的"盖房子之外的建筑"将展览领入装置世界，建筑理论家们始终希望从辩证的角度来引导建筑展览的未来发展方向。相对之前的策展人而言，妹岛和世的身份较为特殊，她是个开业建筑师，而不是个建筑理论家。所以，本届的威尼斯建筑双年展也另辟蹊径，为建筑展开辟了另一个可能性。此次展览并没有将展览局限于对建筑表象的叙述，也没有迷恋炫目的装置与枯燥的宏大叙事，将建筑与技术、新的形式或政治联系在一起，而是把建筑仅作为事件、人和社会的"容器"。妹岛和世表示："作为一名建筑师，我们的职责之一是将空间作为一种媒介来表达我们的想法。为此，这个展览将展现多元的建筑理念，希望展览帮助人们与建筑建立起联系，从而帮助人与人之间建立联系。"同时，妹岛此次亦启用了许多新人，为展览注入了新鲜活力，但她在事后接受采访时亦表示："虽然年轻建筑师的想法非常特别，但遗憾的是尺度都比较小，如果再邀请几位像库哈斯这样级别的明星建筑师参展，会令整个展览的效果更加出色。"

　　展览从8月29日持续至11月21日，在三个月的展览时间内，由妹岛甄选的近50位建筑师、艺术家和工程师的作品布满了整个双年展的场地，这些展品都充分展现了她"相逢于建筑"的理念。

一场关于人与建筑的展示

　　军械库展场以前是威尼斯人造船的地方，这是座长而深广的建筑，以往的策展人通常把这个空间作为容器，在密闭空间中植入一个个体块。而妹岛在展览前期却将大量的时间与精力花费在了整改这座建筑上，她着手除去了"造船厂"的黑色棉布内衬，让自然光线进入。这样，展览的每一个参与者都可以获得一个空间，展出他们希望展出的东西。"现在的社会是信息爆炸的时代，人们可以在家里得到很多信息，但用什么来吸引他们来到展览现场呢？我希望可以在这次展览中带来参观者从别的信息渠道得不到的东西，这样才能将人聚在一起。"妹岛说，"建筑展览是非常困难的，因为我们不能展出实际的建筑物。所以，这次展出的目的是展示一系列的单独空间，而不是通常的微型建筑模型。"

　　妹岛在军械库展场的入口处不远，就安排了德国重量级导演维姆·文德斯的3D影像作品《假如建筑会说话》，该影片是在此次威尼斯建筑双年展上首映。导演的摄影机记录了妹岛和世与西泽立卫的瑞士劳力士学习中心建筑，这座建筑是瑞士洛桑理工学院校园的一部分。文德斯这样描述了他的影片："假如建筑会说话/有些话会像莎士比亚/另外的则会如《金融时报》"后面还有一节说："别误会：这并非隐喻/建筑确实对我们说话！"

　　这样诗意的开篇为之后的几个空间的铺陈叙事做出了很好的铺垫，许多参展建筑师与工程师为这个16世纪的空间创作了一个个令人惊叹的装置。由日本建筑师近藤哲夫（Tetsuo Kondo）与工程师马蒂亚斯·舒勒（Matthias Schuler）合作的项目——《云景》是个广受好评的作品，他们将一朵真实比例大小的云放置在空间中，而参观者可以爬上类似于莫比托斯圈的装置上，走在精妙的钢制缓坡梯上，置身于发电机制作出的云雾中，穿过气层，感受温度与湿度的变化，恍惚间你会有种脱离现实世界的感觉。展览标签上阐述道："这是一个能够体验在真实的云层之下、之中、之上的地方"。

　　丹麦和冰岛艺术家埃利亚松（Olafur Eliasson）在幽暗深邃的空间中置入了一连串"水绳"，翻滚的蛇形水雾在你眼中熠熠生辉，暗示着这种令人激动的结构永远不能真实存在，当你的眼睛适应于这种不确定形式之前它们已经消失变幻；日本建筑师石上纯也获得了金狮最佳项目奖，他用炭纤维铁线打造了一个"空气建筑"。

　　加拿大馆呈现的是飘渺摆动的丙烯酸塑料触须，它们的每一次颤动如同生命的每一下呼吸。这个装置被形象地称为"生命空间"，它被感应器，微型处理器，机械连接装置和过滤器覆盖包围。装置可以根据环境移动，并吸收过滤空气中的水分和有机分子。"生命空间"暗示万物有生命论，这是一个古哲学观，强调万物都有生命。设计师想以此将未来城市打造成一个有生命的机体。

关注保留、空间利用等焦点议题

除了策展人对空间以及展示形式的探索外，本届双年展亦延续了探讨建筑界的焦点议题的习惯，如"保留"与"空间利用"等，这些探讨并没有仅以空泛的理论纸上谈兵，而是以建筑师的角度，以实例或模型等多种形式进行探讨。

巴林王国馆此次返璞归真的作品方式符合了此次双年展倡导的主流，所以首次参展就获得最佳国家馆金狮奖。展览是三间不起眼、类似东南亚常见奎笼的巴林渔民传统木屋，三位当地渔民通过在小屋中讲述他们当地的生活而展现巴林海岸线的变迁，策展人将主题定为"拓荒"，希望把建筑的使命交还给百姓。巴林近年因海岸线填土，导致该国传统的海洋文化严重流逝。评委团表示"这项目非常好，代表了这个国家对于其迅速变化的海岸线的自我反思。"

获终身成就奖的荷兰建筑师雷姆·库哈斯此次在意大利主馆内举行个展，探讨保留建筑物的矛盾——当建筑物不断被保留时，是否也减少了人们真正能生活使用的空间？"保留"（preservation）是西方人发明的词汇，当西方经济瓦解，强大的中国是否该肩负"保留"威尼斯的责任？

荷兰馆呈现的是悬挂在顶棚上用蓝色泡沫做成的城市模型，这一装置被命名为"空闲的荷兰空间"，影射闲置的具有开发潜力的政府占地。游客一进展馆会发现里面空空如也，待到抬头才可发现展品。拾阶而上，人们会来到一个夹层，鸟瞰悬挂模型，还可看到一个用针线编织的图画。

策展人此次对居住空间的强调，同时也令许多以本国居住空间为主题的展览贯穿整个展览。仅有140万人口的爱沙尼亚为他们国家的年轻建筑师提供了一个很好的生存环境，90%的家都有很特别的设计；在日本，房屋的更替率是非常高的——平均为26年，而像英国这样的国家要达到150年，这样的现状也令日本本土建筑师在住宅设计上做出了许多探索，他们会在许多限制的条件下为特定的客户提供合适的生活方式。日本设计事务所犬吠工作室此次则拿出了众多住宅作品在日本馆内展出，这些住宅的主人有记者夫妇、银行家、建筑师、希望退休后能与她的宠物同住的妇女等。

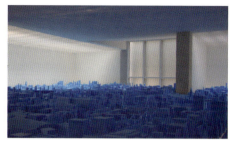

威尼斯展上的中国力量

与往年相比，今年的威尼斯建筑双年展上到处都能碰上来自中国建筑圈和媒体界的熟人，中国馆亦不再是一支独秀地成为中国媒体关注的唯一中国焦点。

中国馆此次依然以跨界力量合作的形式参展，展览集合了艺术界、建筑界与影视界的多位参展人，并热热闹闹地将主题定为："与中国约会"。建筑师朱培的作品是装置《易园》，该作品采用了透明塑胶材料配合LED光照，并结合场馆的日照变化形成光线变幻的园林式空间；朱育帆以不锈钢板铸造了一个广场式开放空间的"路引"；画家徐累的作品对应的是空间与"看"的关系；中国馆内放置了樊跃和王潮歌设计的《风墙》，他们是与张艺谋合作过《印象》系列大型山水实景演出的总导演。他们认为，用"风"解释"墙"，以可见的"运动"展现不可见的"建筑"，强调的不是实体的营造和壮丽的视觉效果，而是观众在不经意间发现的空间无垠的动态。有评论家认为，相对其他国家馆对主题的诠释，"与中国约会"显得有些虚弱，这里看不到任何中国建筑师对城市发展的思考。

王澍继以首届中国馆代表建筑师身份出现在威尼斯建筑双年展后，此次仍非常活跃，以"衰变的穹顶"获特别荣誉奖。在展览中，一阵阵阳生的中国呐喊荡漾在空间中："一！二！三！"那就是王澍作品搭建过程中拍摄的录像里传出来的声音，一群人在合力搭建一个穹顶。这个记录着建筑产生之前状态的作品讨巧地应对了策展人"人们相逢于建筑"的主题。王澍谈道："在大多数人眼里，'穹楼'是西方建筑特有的形式，我的建筑虽然在外形上借用了这个西方建筑传统形式，但我在搭建方法上却渗透了很多中国建筑的手法。"

来自中国杭州黄公望村的建筑项目"亚洲的生活态度"以第12届威尼斯建筑双年展特别邀请参展作品的身份在水城正式亮相。这个建筑项目由8名建筑设计师和1名景观设计师共同设计，设计师们来自亚洲多国，其中韩国设计师曹敏硕、新加坡设计师陈家毅、中国设计师王兴田还曾参与上海世博会的展馆设计工作。这也是自2002年"长城脚下的公社"项目参展威尼斯建筑双年展后，第二个受邀参展的中国民间建筑项目。

事件

更新中国
——关于中国城市可持续发展的艺术和建筑展

撰　文 | 马俊 邱莎

世界上再也找不到另一个地方与今天的中国相似。它挟久远的历史、广袤的幅员、庞大的人口，却能疾速飞奔。然而，展览的艺术总监、喜玛拉雅美术馆馆长沈其斌提出，在快速发展的背后，是不是存在着巨大的隐患？这样一种发展模式，从某种程度上来说会不会是灾难性的，不可持续性的？这一番自我提问，正是"更新中国"展览的深层台词。

"更新中国——关于中国城市可持续发展的艺术和建筑展"于9月5日在上海喜玛拉雅美术馆拉开帷幕。作为"德中同行"文化项目最重要的活动之一，此次展览将一批建筑设计师和艺术家汇聚一处，共同探讨有关"更新中国"的宏大命题。

此次展览由两大部分组成：40个基于"都市论坛"的建筑实例文献，以及19位中、德艺术家和建筑师在"更新中国"主题下全新创作的近20件艺术作品，呈现方式包括装置、影像、摄影、雕塑、绘画、行为等。

1　袁烽《倒置喜马拉雅》
2　阴佳《我们的美丽人身》
3　徐甜甜《气象亭》
4　马尔库斯·海音斯道尔夫《竹展亭系列－水滴形亭》
5　韩涛《泡沫》
6　姚璐《彩色打印》
7　张轲 王朔《轻轨上的城市》
8　邱志杰《两棵树》

建筑：使用——废弃——重生的"循环概念"

美国哈佛大学设计博士刘珩建筑师设计了作品《困》，她谈到灵感来源于"困"字本身，字如其形，"我觉得作品应该有两个方面的概念，首先是由自然跟人工相互关系的角度出发的，在作品中我运用了建筑模板的框架，你可以看到底部都是模拟的建筑工地场景。其次，在作品中我使用了很多建筑模板，这些模板经常都是被作为建筑垃圾而废弃的，这从某种意义上来说就是一种'重生'，还原到一种自然的状态，从使用到废弃到重生的'循环概念'。"策展人李翔宁介绍说，"她的作品来源于对建筑废料和施工现场的反常想像，对于建筑和社会很具有批判性。"

而上海同济大学建筑城规学院袁烽"倒置喜玛拉雅"的作品则是运用参数化设计手段，通过对喜玛拉雅山在形态地理学上的切片式解读与重构，试图唤起的是一种对自然与生态的反思。"这个喜玛拉雅山的轮廓是根据2009年谷歌（Google Earth）上的参数，依照1:70的比例缩小的，在装置下有镜子，从镜子里我们可以看到一个正向的、真的喜玛拉雅山的样子。倒置的喜玛拉雅山是真实的，而镜子里的喜玛拉雅山是虚无的。"袁烽解说。作品试图打造出一种虚幻与现实交融的景象，透明切片的运用使其外观及彩色的影线可随着视角和光线的不同而变化。"这个作品体现了哲学中所说的有和无的共存，山体的融化本身是和我们的生活方式相关的，那这个倒置喜玛拉雅就与我们相关，从而这种虚无的形式就与我们的生活方式相关。"

对于中国未来建筑的发展趋势，刘珩认为还是会回归到对能源和建筑材料重新探索。总体围绕"节约"这个主题，节约土地、节约材料、节约能源等等。

而袁烽则认为中国建筑的未来，与社会的关系非常重要，大众欠缺审美能力，过多社会的观念关注的是如何永久、奢华，这些都是属于伦理方面的观念，大部分不注重人与自然的和谐关系，对于朴实简单的东西不屑一顾，从而造成现在很多建筑都高能耗不环保。

艺术：可设置话题，却不能给出答案

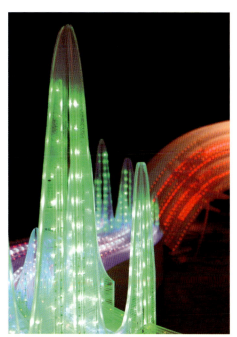

艺术家邱志杰的装置作品《两棵树》，用各国文字的书籍垂直摆成一棵树，又用真实树木的木料斫成一本本书本摆放成树木的形状。这个作品其实和环保并无太大关联，邱志杰想探讨的似乎是我们的知识谱系和文化母体之间的关系。旅德艺术家刘广云的作品更加直接地介入了社会现实，介入了"更新中国"的命题。他用一大串小数点后有很多位的数字，组成了大幅图片，冷峻的数字组成了抽象画一样的美感。更重要的是，这些真实的数据，其实是广州、北京、上海等超级城市里诞生的"地王"成交价。刘广云认为，"不断变迁的是地面上的人工景观，不断涨落的是被操纵的市场价值，不断更替的是使用这块土地的风流过客，而在自然界里土地却永远仅仅是一个恒久不变的地理位置。""城市，让生活更美好"的世博会，也吸引了艺术家的关注。艺术家金江波拍摄了凌晨时分空无一人的街道，世博标语、世博标志、海宝形象无处不在。但夜色已晚，城市卸下浓妆，如同疲惫的美人。这时候发现，当人群离场，世博会就只剩下了这几个核心的元素，就只是一种宣传的策略。

展览中也有几位德国艺术家的作品。德国艺术家对于环保的态度并非单纯的概念表达。当中国艺术家们像哲学家一样谈论意义、主题和观照等华丽的词语时，西方艺术家却像科学家一样在能量守恒的无形天平上计算、转换。伊娜·韦伯的作品是废纸板箱和泡沫塑料箱做成的。纸板箱做成了一只丑陋的大鸟，也许是凤凰。往下拽一个把手，它就会展开自己好不华丽的翅膀。泡沫箱做成的那个像是一只恐龙，轻飘飘的外强中干的霸王龙。拽动把手，它的嘴巴就会虚弱地一开一合。作为一个互动的装置，其游戏的趣味性仅止于此。但德国艺术家以特有的严谨附了一张能量的换算表。一个垃圾回收工人，每天回收多少此类废物，每回收一定数量的废物平均消耗能量是多少。然后你拽动这个玩具的力量，和这个消耗的能量正好相当。因此，对于废物回收、对于环保的体会，就不再是数据，而是你肌肉的记忆。

将"更新中国"理解成一个单纯的环保主义者聚集的展览，会失之褊狭。城市、环境、人的生存状态、生活方式、艺术和文化症候、消费主义等子题，在展览中都有呈现。但随着对展览的观看，有一些疑问也必将随之而来。

低碳生活、绿色环保，对这些话题的关注早已经成为一种政治正确、道德正确的行为。举办这样的主题展览，题中之意就是要对社会现实进行干预。但设置了宏大的命题之后，无论是策展人还是艺术家，都终将发现无法对自己的问题给出满意的解答。环保并非环保那么简单，文化形态也是各种力量博弈的结果。在强悍的各种力量面前，艺术特有的柔软很容易就变成了软弱。假如，策展人和艺术家们有觉悟从自我陶醉、自我满足中醒来，将很可能充满无力感。

艺术家邱志杰称："可持续发展、环保，可以设置这个话题，但是却不可能给出答案。话题本身比较宏大。相比于这个展览，主办方出的一本书倒真是很不错。里面收录了一个作品，是我非常欣赏的。这个作品是收集世界各地的骨灰盒，堆成一个金字塔，打算放置在德国魏玛。不管是它的宗教感、仪式感，还是美学价值，以及兼顾尊严的解决死亡占地的方式都很不错。但是最后魏玛当地的居民不干了，他们不愿从世界各地招来那么多魂灵。所以这个作品最后是未完成的计划。"

"缝制时间"——爱马仕皮具展

| 撰　　文 | 西西 |
| 资料提供 | 罗德公关 |

策　　展	Olivier Saillard
设　　计	Masao Nihei
日　　期	2010年9月5日～10月31日
时　　间	每天10:00～19:00
地　　址	上海市淮海中路228号

走进"缝制时间"——爱马仕皮具展，犹如踏上了一段充满诗意的有趣旅程。

轻盈而充满诗意的空中布景设置，不是单纯的表达，更能激发参观者广阔的联想。由Masao Nihei设计的类似旋转木马的布展空间，沐浴在自穹顶正中泻下的光芒里，耳畔是由作曲家Louis Dandrel编写的交响乐曲。

八个展区由不同陈列主题而呈现着爱马仕不同的皮革工艺品："皮革图书馆"像是开放的书店，各种材质与颜色的精品皮革摆放其间，独具匠心而又随意飘至；"女式皮包、皮包贵妇、如美人痣般的皮包搭扣"诉说着女式皮包所拥有的经典优雅；"第一位顾客．马"倾听着马匹的愿望与需求，高科技与传统手工艺成就着170余年的奥秘；"第一位手工艺匠：时间"将橙色礼盒化身上天信使的邮差包，散落下精致的记事本与公文包；"当梦想变为现实"营造的是爱马仕的梦幻、痴狂、诗意、幻想和魔力……"低调和简约"以20世纪初的精致装置诉说着皮革的优雅密语；"变化万千的凯莉包和柏金包"呈现属于这两款的经典传奇；"游牧精神"则是汽车时代下，极具梦幻风格的旅行生活。

漫步于皮具展中，聆听爱马仕与皮革的传奇故事，不禁折服于每一件爱马仕皮具的巧夺天工。剪刀、针线这些看似简单却底蕴深厚的皮革处理工具，在从巴黎远道而来的手工艺匠身后排列成一个有趣的扇形，因为爱马仕代代相传的皮革缝制工艺，绽放出耀眼的光华。手工艺匠现场展示的"马鞍针法"、"珠圆玉润"手工技艺，优雅庄重而富有生命翕张，默默诉说着爱马仕对传统的尊重与对永恒工艺的不懈追求。爱马仕以1837年来所有跨越时间的手工艺经典和创意，为中国时尚之都带来巴黎的优雅气韵，驶向又一段传奇般的橙色里程。 END

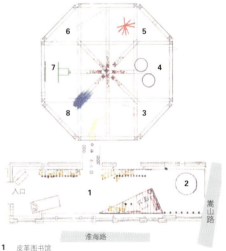

1 皮革图书馆
2 女式皮包，皮包贵妇……，如美人痣般的皮包搭扣
3 第一位顾客：马
4 第一位手工艺匠：时间
5 当梦想变成现实
6 低调和简约
7 变化万千的凯利包和柏金包
8 游牧精神

科勒厨房跃动第15届中国国际厨房、卫浴设施展览会

第15届中国国际厨房、卫浴设施展览会如期举行，科勒厨房以"智能、环保、宜居"为目标，完美结合创新设计和卓越科技，倾力打造人性化整体橱柜，跃动全场。真正懂得享受生活的人，绝不会接受生活在一个华而不实的地方，更不用说是担负着满足人们情感与味蕾重任的厨房。科勒厨房始终着眼于人性化操作的智慧设计，用创新科技实现"优雅生活"。自动升降台和指触开启系列无疑是本次最耀眼的明星功能。轻轻一按就会自动升降或开启，柔缓的节奏和静音操作，让繁杂的厨房操作呈现犹如芭蕾般的优雅。专为中国家庭用餐方式着想而独创的保温小推车，能魔法般同时呈上一整桌热气腾腾的美味。由独创专利EASY CORNER自动升降技术催生的自动升降台拥有多层次的立体结构和人性化的空间利用，是厨具放置空间的新突破。不仅为瓶瓶罐罐提供了很好的归属地，也让存储与取物更加便捷安全，厨房工作在有条不紊中趣味横生。通过手动开关和遥控器实现"上升""下降"的操作，关闭后还是一块实用的砧板；集合先进的指触开启和电动折叠的上翻门，轻轻一按便可智能开启、自动闭合，过程轻柔顺滑，且带有阻尼闭合，随意定格。便捷取物，弥补了因吊柜高度引起的开关门不便。

香港：创意生态

香港设计中心于8月18日至9月12日期间在上海卢湾区8号桥3期推出"香港：创意生态——商机、生活、创意"系列展览"A Better August"，共展示了28位年轻平面、产品及空间设计师的作品。该系列展览为"香港：创意生态——商机、生活、创意"活动的其中一个重要项目，并得香港特区政府支持。继七月成功举办系列展览七月主题展后，八月主题展"A Better August"反映活跃于平面、产品及空间的年轻设计师如何运用设计技巧和创意思维。他们更透过与不同企业的合作，将设计提升到更高的应用层面，让设计达到推动品牌，甚至推动城市生活发展的重要层面。为配合八月份的主题展，香港设计中心于8月21日在8号桥3期举行研讨会和工作坊，以及品茶派对。包括许振邦、李立仁、张汉文、龚天永及郭达麟等香港设计师亲临现场与国内设计师进行专题讨论，分享他们的创作心得及香港的创作经验。

意大利Calligaris家具亮相意大利馆

具有86年历史的意大利传奇家具品牌———Calligaris成了今年世博会意大利馆的独家椅具产品赞助商，凭借"将意大利优秀的家居设计理念带到中国，并传遍中国"的雄厚实力，向中国家具市场发起了冲击。据了解，Calligaris从1923年起就开始用手工制作家具坐椅，86年间一直坚持纯正的意大利设计师团队及制造理念，现在已经成长为风靡全球的椅子、桌子和辅助陈设品市场的引领经营商；作为意大利最具知名度的家具品牌，现在已经行销全球90多个国家。据负责Calligaris中国市场的总经理刘璇先生介绍：经历了历史与艺术打磨而成就的Calligaris品牌，是意大利家居设计历史发展的缩影，目前Calligaris已在上海吉盛伟邦虹桥店四楼开设了专卖店，近日又将在沪上高端家居品牌聚集地的文定生活家居创意广场新开另一家专卖店，预计今后五年内Calligaris中国专卖店将发展到100家。

第二届陶博会11月开幕

第二届陶博会又将于今年11月11日在上海世贸商城揭幕。从去年的主题"陶瓷无极限"到本届博览会"中国智造"，意识前卫、走高、走远已成为主办机构的精神核心。用"国粹"语言——陶瓷构建国际陶瓷文化交流平台，在上海打造一流的国际陶瓷博览会已成为了可能。后世博创新与创意将演绎为城市的自觉使命。本届陶博会共设六个馆：主题馆、生活馆、艺术馆、新锐馆、互动馆、国际馆。同时分设六大外国展与之互动。已经启动的面向国际的"茶日"维持佩尼杯茶具设计竞赛单元将分设两大奖项：专家奖和媒体奖。它的举办将产生深远的影响，从中国制造到中国智造。中国智慧的崛起景象也已经展开，它将承载起属于这个时代的陶瓷文化，它曾经影响过世界，它是中国文化软实力的象征，今天它又将回归，从新出发。

首届"通世泰"杯高端室内设计大赛

由日本"通世泰"建材杭州总代理——浙江易煌装饰工程有限公司主办，《室内设计师》协办的首届"通世泰"杯高端室内设计大赛已正式拉开帷幕，递交作品时间为2010年9月11日～2010年12月30日。凡从事室内工程、环境、软装等工作的设计师个人及家装公司的设计师均可参与此次比赛，希望参赛作品用材注重环保、节能、健康、低碳。参赛权手选A2版面的效果图每房间一张、及A2版面的平面图一张，电子光盘一张（含效果图、平面图所有内容）。届时，大赛将评选别墅排屋类、高档公寓类、精装房产项目类、"通世泰"产品类，四个大奖。分别各设一等奖1位，二等奖2位，三等奖3位，优秀奖5位，大赛将在2011年3月选出一、二、三等奖，获奖作品及名单将在《室内设计师》等国家级重要媒体上发布，同时，还将组织一、二等奖获得者去日本考察"通世泰"日本总部，与日本著名设计师交流。

2010中国（上海）国际时尚家居用品展览会10月开幕

为期4天的2010中国（上海）国际时尚家居用品展览会将于10月13日在上海展览中心隆重揭幕。这个国内唯一服务于中高端生活用品的国际展会将为本地观众带来丰富多样的产品展示，有来自德国、法国、意大利、香港以及其他海外及本土的知名家居品牌。本届展会的展品类别囊括了从餐具厨具、装饰摆件、高档礼品、家用纺织品到灯俱灯饰等各个与生活相关的日用产品。诸多行业巨头皆已确认参展，今年新登场的品牌包括德国知名品牌：菲仕乐、阿尔诺橱柜、娜赫曼，意大利高档家具巴拉利尼等等。为了更好的引导参展者轻松找到所需的产品，展会在布局上做出多处改进。此次展会还隆重推出了"德国生活方式展"，该活动通过多种互动体验令观众们直观领略德国式的设计与生活方式、文化以及传统。

凯里森（中国）成立

近日，国际知名建筑事务所凯里森宣布将与著名本土建筑设计公司环洋世纪合并，成立凯里森（中国）。凯里森专注并投入于中国市场已有20余年。通过此次并购，凯里森（中国）将拥有全方位的建筑及商业零售设计服务能力。在设计领域，大多国际建筑事务所在中国的实践模式是与当地设计单位分工合作，而凯里森（中国）将实现一个全新的、独一无二的商业模式。同时，合资体也将拓宽凯里森在中国的服务范畴，进军住宅设计领域，并为国内与国际品牌提供更全面、更深入的国际化商业零售设计服务。在过去的20年中，凯里森在中国营造出诸多地标性作品：其中包括上海的港汇广场、悦达889和绿地滨江CBD项目，以及位于杭州和成都的万象城。扎根于全球第二大经济体，凯里森（中国）旨在为业主、用户提供智慧场所，用设计引领商业。

上海外滩美术馆曾梵志展开幕

2010年8月12日（周四），曾梵志将携其新作亮相上海外滩美术馆，带来《2010·曾梵志》。同时，《2010·曾梵志》学术研讨会"也将在上海图书馆举行，探讨曾梵志的艺术和中国当代艺术现状，以及曾梵志的艺术经历和新的创作方向。作为中国当代艺术领军人物之一，曾梵志以其极具张力的绘画作品享誉国际艺坛，其以往20年间不断演变的风格和图像已成为国内外学者、批评家和收藏家持续研究和跟踪的对象。本次《2010·曾梵志》展览集中呈现艺术家在现在时态下的探索以及对于当代艺术此时此刻的理解，这种对于当代性的追求成为了展览的一条主线。为此，本次展出的所有作品都是曾梵志未曾公开展示和发表过的近作和新作，提供了有关他的当下艺术创作和当前中国艺术发展状态的一份重要材料。《2010·曾梵志》与其以往的展览最大的区别在于，展出作品除了大家比较熟悉的油画外，还包括了雕塑、版画、铅笔画和空间装置。多种媒材、丰富形式以及与空间之间的有机联系，宛如一首用眼睛观看的交响诗，引导观者步入一个想象的旅行。

参差日常生活展

由上海渡口书店发起的参差日常生活展于2010年8月26日在杨浦区大学路86号特别另辟的渡口书店临时店开幕。6位参展人代岛法子、汉声、区汝明、任长箴、陈嘉仪、高灵来自不同领域，既有衣装设计师，也有陶艺艺术家，此次意外相逢呈现日常生活中的参差之感。策展方认为："人们在生活中对情意的表达和倾注更多时候是通过物来实现的，每一个物件从原始材料经过构思、制作到进入生活又隐含了完整的技艺和心意交织的过程。这次的六位参展者，来自不同地区，在各自领域中辛勤探索，用每一次造物，更新生活的常态，他们或者素不相识，或者心仪已久，就像我们和你们一样。参差是日常应有的形态，这是一种继续，也是一个开始。"

斯蒂文·霍尔建筑师事务所杭州巡展

2010年7月30日晚，由杭州市城市规划展览馆、斯蒂文·霍尔建筑师事务所联合主办的斯蒂文·霍尔建筑师事务所巡回展览"都市主义：斯蒂文·霍尔 + 李虎——斯蒂文·霍尔建筑师事务所在中国的七个作品"在杭州市城市规划展览馆举办展览开幕仪式。此展览回顾了2003年至2009年间斯蒂文·霍尔建筑师事务所在中国的几项雄心建筑的设计过程：南京艺术与建筑博物馆，北京当代MOMA-联接复合体，深圳万科中心，成都福来士广场，此外，展览还展出了在中国杭州的三个新项目：杭州三轴区域，山水杭州，以及最近获胜的杭州中国音乐博物馆园区设计竞赛。此展览呈现了从初期概念阶段到真实现状的完整设计过程，并记载建筑模型、图纸、和项目动画的集体制作过程。此展览于2010年7月31日至2010年10月31日9:00am～5:00pm在杭州市城市规划展览馆展出（免费入场）。

结构玻璃：开启建筑创意新思维

2010年8月13日，由中国建筑学会和《建筑学报》杂志社联合主办的"建筑创新新思维论坛"在上海举行。此次论坛以"全玻璃结构建筑设计与创新"为主题，吸引了来自全国近百名知名建筑师的参与。在传统意识上，虽然玻璃作为基础的建筑材料而得到了广泛应用，但因其本身的特性影响在建筑中是不作为结构材料来使用的，但是近年来苹果专卖店等一列建筑上结构玻璃的大胆应用，及其取得的非凡视觉冲击效果，让玻璃作为一种结构材料在建筑中的应用开始崭露头角。此次论坛是国内建筑界对玻璃作为结构材料应用问题的首次探讨，来自国际权威结构玻璃专家和相关领域的知名企业集中展示了国内外对结构玻璃研究和应用的最新成果，也让本次论坛成为在中国建筑界引领风潮的里程碑式事件。

D+B
DESIGN+BRANDS 2010
中国设计+选材第一展

2010国际建筑装饰设计+选材博览会
中国建筑装饰协会设计委员会2010年会

2010.12.9-11
GUANGZHOU POLY WORLD TRADE CENTER EXPO
广州保利世贸博览馆

- "新趋势 - 新产品 - 新设计"核心定位展览
- 八大机构、四大版块倾力打造"业主-设计师-品牌商"年度盛会
- 设计师第一选材平台、新产品第一发布平台、新作品第一展示平台

广州国际设计周同期活动
A GUANGZHOU DESIGN WEEK EVENT 2010

国际三大设计组织联合认证，全球同步推广
2007+2009 Endorsement By:
icsid IDA 国际工业设计联合会
icograda IDA 国际平面设计协会联合会
IFI 国际室内建筑师设计师团体联盟

主题：设计创造价值
DESIGN IS VALUE

主办单位

中国建筑装饰协会设计委员会
Design Committee of China Building Decoration Association

承办单位

CITIEXPO 城博展览

独家网络
China-Designer.com
中国建筑与室内设计师网

协办单位

中国房地产业协会商业地产专业委员会
China Commercial Real Estate Associataion

 HOTEL 饭店现代化 MODERNIZATION   id+c 室内设计与装修

 朗道文化 Lan Tao Culture   METTO 创福美图

 中国建筑装饰协会设计委员会网站

更多咨询，请联系：

Tel：86-20-3831 9422 / 3831 9234
Fax：86-20-3831 9418
Email：monique.wu@citiexpo.com
　　　he.he@citiexpo.com
联系人：吴君芳小姐 / 贺文广先生

www.dbfair.com

MODERN DECORATION INTERNATIONAL MEDIA PRIZE

2010 现代装饰國際傳媒獎

The 8th 第八届

以 传 媒 的 眼 光 为 设 计 颁 奖

赛事介绍

已成为衡量每年度设计水准的重要尺度和未来设计潮流风向标的现代装饰国际传媒奖现已正式启动！现代装饰第八届（2010）国际传媒奖将有来自中国内地、香港、台湾、美国、英国、法国、澳大利亚、韩国、日本等多个国家和地区的众多设计师参与竞赛。今年也恰逢《现代装饰》杂志创刊25周年，所有参赛设计师届时将有机会与世界各国设计精英同台交流切磋，共同参与这一历史性的荣耀盛典！

现代装饰国际传媒奖始于2003年，由建筑、室内设计行业一线专业杂志《现代装饰》创办。七年来始终坚持"以传媒的眼光为设计颁奖"为宗旨，恪守专业、严谨、公平、公正的原则，倡导本土设计，嘉奖优秀作品，关注时代变化及行业热点、趋势，致力于以媒体的公信力、渗透力推动设计的创造力向设计影响力的转化。

欢迎世界各国设计师共同参与现代装饰第八届（2010）国际传媒奖！

参赛截稿及颁奖
参赛作品征集截止日期：2010年10月30日
赛事颁奖典礼举行日期：2010年12月7日

参赛热线
深圳 (86-755) 82879416 82879417
北京 (86-010) 84560699
上海 (86-021) 54190608
广州 (86-020) 33240905
佛山 (86-757) 82712611
贵阳 (86-851) 5518181

网址 http://www.modernde.com/
传真 (86-755) 82879415
电话 (86-755) 82879416 82879417
地址 中国·深圳福田区深南中路2201号嘉麟豪庭A座701

主办 现代装饰杂志社
承办 昊星文化传播有限公司
官方网站 现代装饰网（www.modernde.com）

支持单位 深圳市委宣传部、深圳市文体旅游局、深圳市文联、清华大学美术学院、同济大学建筑与城市规划学院、广州美术学院设计分院、华南理工大学建筑学院、四川美术学院建筑艺术系、深圳大学艺术设计学院、万科地产、卓越地产、中海地产、华侨城地产、星河地产

媒体支持 现代装饰、现代装饰·家居、新视线、周末画报、缤纷、艺术与设计、南方都市报、深圳特区报、深圳商报、深圳交通电台、南方卫视等

网络媒体支持 装饰榜网、搜房网、新浪、腾讯、视觉中国、太平洋家居等

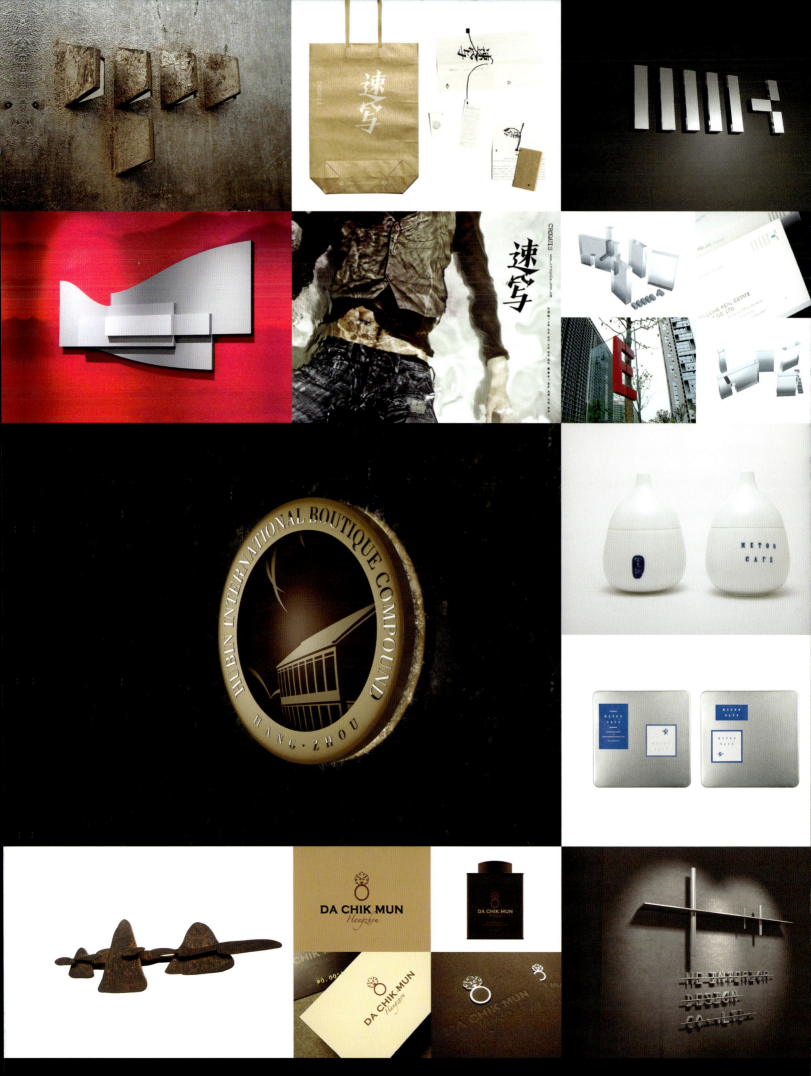

www.jagadstyle.com

吉伽提东南亚家具
JAGAD FURNITURE OF SOUTHEAST ASIA

售展中心　杭州拱墅区丽水路166号
Sales Exhibition Center
NO.166 LISHUI ROAD.GONGSHU DISTRICT HANGZHOU
Tel : 0571　88011992
Fax : 0571　88013217
E-mail : wwwtime@hotmail.com

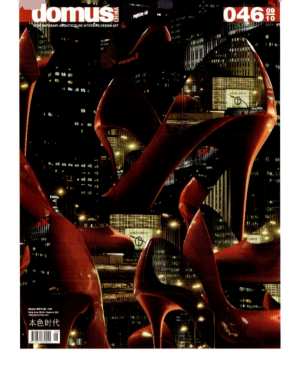

domus CHINA
CONTEMPORARY ARCHITECTURE INTERIORS DESIGN ART

免费订阅热线
400 – 610 – 1383

刘明
139 1093 3539
(86-10) 6406 1553
liuming@opus.net.cn

免费上门订阅服务
北京：
(86-10) 8404 1150 ext. 135
139 1161 0591 姜京阳

上海：
(86-21) 6355 2829 ext. 22
137 6437 0127 田婷

广告热线

叶春曦
139 1600 9299
(86-21) 6355 2829 ext. 26
yechunxi@domuschina.com